Well experienced salespersons' tips to deal with customers.

跟著富業務這樣談生意

策略行銷專業顧問
陳國司 著

富業務打死不說的
商場勝利法則

沒有談不成的生意，
只有不會談的業務。

- 本書模擬真實的銷售對決場景，
- 讓你跟客戶溝通無礙，業績好到同行都眼紅！

前言

全球經濟勢力的不斷轉變，國內的行銷市場也早已跟進國際化的經濟環境之中，多種新興的商業模式紛紛衝破舊有的傳統行銷大牆，使得行銷市場進入了一個多國鼎立的戰國時代。業務，這個幾乎遍及了全球所有成熟經濟市場與高度發展中國家的商業模式，開始勢不可擋地襲捲而來，成為了世界行銷市場中一股強而有力的新生力量。而這一產業的出現，也帶動了大批優秀人才的湧入，投身業務的人開始越來越多，但是因為人們傳統思想的根深蒂固，社會大眾對業務這一行，仍然還沒有真正所謂的瞭解與認識，於是，在信心十足地闖進業務領域之後，多數尋夢人不僅沒能樹立起傲人的輝煌業績，反而遭遇到了前所未有的挫敗，白眼、冷落與拒之門外，讓不少人退縮、動搖，也洩氣了，當初的鴻圖大志成為過眼雲煙，曾經的夢想更是遙不可及，有些人就這樣放棄了。

然而有另外一些人，卻在這場開拓戰之中成為了攻無不克的成功戰士，同樣是當初的野心勃勃，為什麼會在之後有著如此大的落差呢？可以肯定的是，業務們都必須擁有十足的衝勁，但是業務不是拚體力，它不僅需要具備良好的心態與適時適切的超級口才，更要兼顧銷售過程以及掌握住與客戶接觸時的每個瞬間，這不僅是一項工作，更是一項深入人心的服務過程，能不能確實地做好與客戶的每一步細緻入微的交流和對話，才是對業務人員最大的考驗。

細節決定成敗，業務成功的細節就在於業務員與客戶接觸的每一刻，是否能真正把握住與客戶的每句對話，洞察到客戶表現出的每個重要訊號，來採取符合業務職責的正確應對措施，是決定業務人員一場生意成敗的關鍵。如果在任何一個細小環節上出現失誤，都有可能導致銷售工作功虧一簣，而這也是成功者與失敗者差之千里的原因所在。

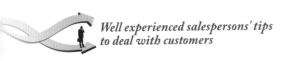

為了能讓業務員對銷售情景有更深刻和全面性的認識，筆者將富業務們從陌生拜訪——如何在第一時間贏得客戶；產品介紹——如何讓產品受客戶青睞；心理戰術——如何準確掌握客戶心理；引導成交——如何讓客戶掏出錢來；消除障礙——如何與客戶有效溝通；售後服務——成交之後更要做好服務等六個部分，分別擬定了相關的實際場景，在書中共列舉了多達64種銷售中常見的狀況模擬，並詳述正確與錯誤的應對措施說明，具有實用性高，能全面性的解決狀況的特色，尤其適合剛步入業務這一行的新手業務員閱讀。同時，本書也在各個場景之後進行分析，為業務員們提供行之有效的解決措施和防範策略，足以「見招拆招，兵來將擋」，能全面地解決各類狀況，無論對於新手業務員，老鳥業務員，都是一本值得一讀的業務寶典。

方法源自於實踐，而實踐用來詮釋方法。能夠在工作中做到靈活變通的業務員才能真正成為業務領域的王者。在具體的情境應對和有效方法的雙重引導下，業務員不僅能夠體會到方法的重要性，更重要的是能將書中所總結的方法做結合，運用到自己的業務工作上，解決更多自己遇到的實際問題，讓本書真正用在刀口上，成為業務員必讀的實戰指南。

作者　謹識

目　錄
contents

第一章

chapter1 陌生拜訪——如何在第一時間贏得客戶

chapter2

第二章
產品介紹——如何讓產品受客戶青睞

chapter3

第三章
心理戰術——如何準確掌握客戶心理

chapter4 第四章
引導成交——如何讓客戶掏出錢來

chapter5

第五章 消除障礙——如何與客戶有效溝通

chapter6

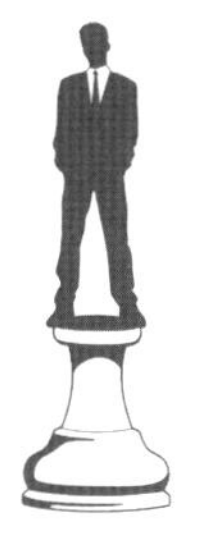

第六章

售後服務——成交之後更要做好服務

Well experienced salespersons' tips to deal with customers.

Chapter 1

陌生拜訪

～如何在第一時間贏得客戶

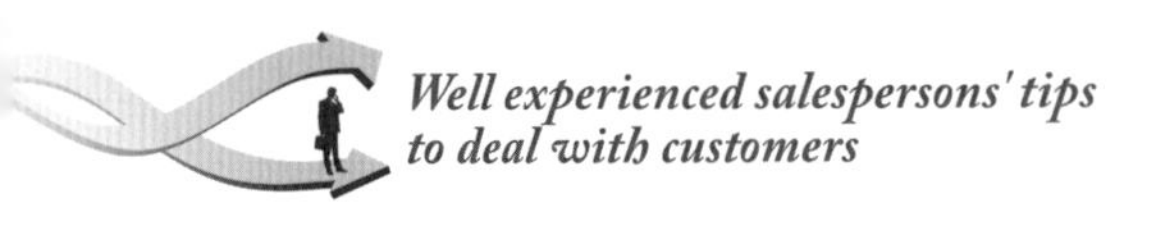

scene 1

還未介紹產品，就遭到拒絕

陌生拜訪對於許多業務員來說，是一個棘手的開始，因為這種拜訪形式的拒絕率較高，有時業務員甚至還沒有開始介紹產品，就遭到客戶的拒絕，只好尷尬地轉往下一個目標。新手業務員碰到這種情況時，心情一下子就十分低落，變得不知所措，甚至喪失了銷售熱情，但是作為一名合格的業務員，就必須跨越這困難。因為沒有誰的人脈資源是無限的，個人原有的人脈總有用完的一天，想要擴大團隊，提升業績，就必須掌握良好的客戶開發技巧，即使客戶真的不需要你所銷售的產品，也要讓客戶瞭解你的產品。

銷 售 現 場

業務員：「小姐您好，打擾了，我是××公司的業務，今天來這裡是想跟您介紹一下我們新推出的幾種禮盒……」

客戶：「不用了，我沒興趣。」

（或者：不好意思，我現在沒有時間。）

抱歉，我不需要，請你離開……）

錯誤的應對

❶ 好吧，那……打擾您了。
❷ 好吧，那我改天再來。
❸ 小姐，我都還沒介紹呢，您怎麼知道不需要呢？

問題分析

所謂的「失敗一定有原因，成功一定有方法。」雖然說這種拒絕可能在業務員的銷售生涯中都一定會遇到，即便是那些Top Sales也不例外，但可以肯定的是，這種情況還是較容易發生在業務菜鳥身上，那些成熟且有經驗的業務員是比較少遇到這種問題的。原因就在於：有經驗的業務員不但具備良好的心理素質，還知道如何正確去應對：

1·抱持著勇敢、穩重的心態，切忌緊張

做業務的心態很重要，尤其在陌生拜訪時，業務員要有勇氣敲開客戶的門，還要保持穩定、平和的心態跟語調去為客戶介紹產品，不要緊張。許多業務員一想到要和初次見面的人說話，就會覺得緊張，好像全身的血液都在瞬間加快流動，反而更加害怕與失態，所以當客戶有一點拒絕的意思，他就容易產生退卻心理。

2·陌生拜訪要提前預約

「地毯式轟炸」一直是很多業務員推崇的尋找客戶的方法，實際上，這種方法的成功率極低，雖然這可以磨練業務員的意志力與受挫力，但在此卻不鼓勵。拜訪客戶前還是要預約，這樣既可以提高拜訪的

效率，又可以多方面瞭解客戶，當然也不會遇到這種還沒有介紹產品就被客戶拒絕的情況。

3・不要責問客戶

如果還沒有向客戶介紹產品就先遭到拒絕，即便心情很糟糕，甚至很氣憤，也不要直接嗆客戶說：「我都還沒介紹呢，您怎麼知道不需要呢？」這是非常明顯的責問語氣，裡面還帶著一種不滿的情緒，客戶本來對你的產品就不怎麼感興趣，聽到你這樣的說法會更加反感，對你的拒絕也會更加徹底。其實換個角度想，如果拜訪客戶之前，沒有事先預約，會被拒絕吃閉門羹也是很正常的，因為客戶的確會對產品不感興趣，或者不需要，所以，作為業務員要坦然面對。

4・遇事要靈活處理

當還沒有介紹產品，就先遭到客戶無情的拒絕時，業務員一定要頭腦冷靜地靈活應對，對客戶拒絕的原因迅速做出判斷。例如：是因為客戶當下比較忙，沒有時間理會你？如果是這樣，你可以在門口，或者是在不打擾客戶的情況下等他忙完；或者是客戶心情正差，不是你的產品不好，是你來的時機不對，如果是這樣，你可以記下一些對下次拜訪有用的資訊，改天再來。

總之，陌生拜訪的成功機率本來就不高，所以只要你心裡有「會被拒絕是很正常。」的心理準備，不要因此壓力過大，也不要把拒絕不當一回事。每次遭到客戶的拒絕後，都要認真地檢討學到經驗，以提高之後拜訪的成功機率。

業務員：「小姐您好，打擾了，我是××公司的業務，今天來這裡是想跟您介紹一下我們新推出的幾種禮盒……」

選擇一

客戶：「不用了，我沒興趣。」

業務員：「小姐，可能您還不太瞭解產品內容，其實我們的產品都非常適合像您這樣漂亮的女孩子使用的，您看這個保溫杯上的米老鼠很可愛吧**（把產品遞過去給客戶看，引起她的興趣）**，這是得到迪士尼獨家授權我們才能製造販賣的，也就是說，這在其他地方是買不到的，不管是自用或送禮都非常實用，而且也很受小朋友歡迎呢。」

選擇二

客戶：「不好意思，我現在沒有時間。」

（環視一下四周，看是否有忙的跡象，如果忙就可以留下自己的名片，記得也索取對方的名片，然後禮貌地離開；如果沒有忙的跡象，客戶的忙就是藉口了。）

業務員：「**（微微一笑）**小姐，我知道您正在忙**（如果客戶不忙，業務員這樣說，對方多少會覺得不好意思，對你的態度也會開始軟化）**，我不會佔用您太多時間，這是我們公司送給客戶的禮品，請收下**（如果有宣傳用的小禮品可以送對方一份，畢竟「拿人手軟」，通常，接下來她會禮貌性地聽你的介紹）**。其實我們的產品漂亮又實用，您看這個保溫杯，很適合女孩子平常使用……」

選擇三

客戶：「抱歉，我不需要，請你離開。」

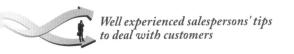

業務員：「（微笑）不需要沒關係的，您也可以瞭解一下，給我一個機會，不買也沒關係的。我們的產品非常可愛，這些都是迪士尼獨家授權給我們製造販賣的，這些保溫杯、用品是外面商家都沒有販售的限量款，而且保溫杯的內壁是不鏽鋼材質的，裝熱水也不會有溶出有毒物質的疑慮。而且價格不貴，卻很有質感又能響應環保，送禮自用兩相宜⋯⋯」

滿腔熱情去推銷，卻被櫃檯擋在門外

陌生拜訪是業務員開發客源常用的方式，在主動上門拜訪時，往往要先經過櫃檯這一關。業務員過不了櫃檯這關，也就無法見到真正的客戶，銷售成敗也就更無從談起。可以說，公司櫃檯是業務員陌生拜訪時需要跨越的第一道關卡，想要跨越這道關卡，業務員必須掌握溝通的技巧，與櫃檯關係良好才行。

銷售現場

業務員：「您好，我是網路設備公司的業務，今天來是想向貴公司介紹我們的數位多媒體播放器，請問經理在嗎？」

櫃檯：「抱歉，經理現在在開會，不方便接見。」
（不好意思，我們公司不需要這個產品。）

錯誤的應對

❶ 好吧，我明天再來。
❷ 好的，打擾了，再見。

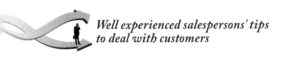

❸ 我們的產品曾經得過優良設計獎跟國家專利，您還沒有聽我介紹怎麼就說不需要呢？

問題分析

當要進行業務拜訪時，客戶公司的櫃檯如果不配合、不友善，不但銷售工作無法進行，還會嚴重影響到業務員的心情。但是不管櫃檯的態度多堅決，業務員都不要輕易放棄，因為一旦離開，下次的拜訪也多數會以失敗告終。當然，更不應該直接回嘴或態度強硬，否則不僅是無法見到客戶，還有可能整個行動會演變成一場無謂的爭吵，之後想再去拜訪這個客戶，也幾乎是不可能的事情。

被櫃檯拒絕，對業務員而言是家常便飯，但可以肯定的是那些經驗豐富的業務員被拒絕的機率低許多，因為他們從進入客戶公司大門的那一刻，就能讓櫃檯人員留下一個好的印象。

1．提早預約，不要遲到

在拜訪客戶之前，業務員大多會跟客戶預約時間，如果業務員沒有準時赴約，就有可能成為一個被櫃檯人員拒絕的原因，因為任何一名負責人的時間都是寶貴的，不可能隨時沒事，等著人來拜訪，所以一定要準時赴約，遲到可是會大扣分，客戶也沒有理由浪費時間等你。所以既然做出了時間上的約定，就要盡可能地確保準時赴約，做一個準時守信的業務員，這樣不僅能為自己贏得客戶信任，也能為櫃檯人員減少很多不必要的麻煩。

2・拿出誠懇的態度

為了快點見到客戶，有些業務員在面對客戶櫃檯人員的拒絕或懷疑時，往往會表現出不耐煩或是急躁的態度，甚至對櫃檯人員不屑一顧，其實這些都是錯誤的舉動，櫃檯雖然不是我們最終要面對的客戶，但卻是影響著業務員是否能夠順利地拜訪到客戶的重要關鍵。所以從與客戶櫃檯人員談話的開始，業務員就應該拿出誠懇的態度，與他們親切地進行交流，這樣不僅有助於更快地拜訪到客戶，還有可能在見到客戶時得到櫃檯人員某種程度上的幫助。松下幸之助說：「勤勞工作、誠懇待人是邁向成功的唯一途徑。」只要保持誠懇的態度，就能獲得與客戶見面的機會。

3・表現出十足的自信

自信是一切行動的原動力，一個人如果沒有自信，也就沒有行動的勇氣和力量。對業務員來說，有十足的自信心是最重要的，在拜訪每位客戶前，業務員都應該在心裡不斷地為自己打氣，並且抱持著必勝的信心，對自己有信心，對自己的工作、公司有更是百分百的肯定與自信，對產品自信。在面對櫃檯人員時，這種自信也不能忘記：

- 與櫃檯人員說話時聲音要洪亮，不要唯唯諾諾，要記住你是來銷售產品的，是來幫助客戶的，是要帶給客戶好處的，態度要不卑不亢。
- 如果遭到櫃檯人員的拒絕一定要沉得住氣，千萬不要流露出任何不滿。要微笑著告訴自己：沒關係，下次再來，拒絕是成功的開始。
- 要下功夫去掌握產品知識，充分瞭解產品品質、性能、作用及使用方法、注意事項等等，並總結自己的使用經驗，絕不能夠一知半解。如果顧客多問一句就不知道如何回答，立即就會動搖顧客對產品的信心，降低顧客對產品的購買欲望。

4・展現出良好的個人形象

良好的個人形象是業務員必須具備的第一條件，沒有哪個公司願意接待一個不修邊幅、衣著不整的業務員，當然這也可能成為業務員遭到客戶櫃檯人員拒絕的原因之一。所以在拜訪之前，業務員一定要注意個人形象：

- 穿著整齊、得體、大方，給人一種乾淨俐落、精神爽朗的感覺，以最先贏得公司櫃檯的信任和好感。
- 注意保持個人衛生，頭髮要勤於梳洗，髮型要樸素大方；男性要刮除鬍子、修齊鬢角、修短鼻毛，不留小鬍子跟大鬢角；女性不可濃妝豔抹，化適當的淡妝、修剪指甲、並時常漱口，拜訪客戶前忌吃蔥、蒜、韭菜等味道重的食物，飯後必要時可刷牙或嚼口香糖，可保持口氣清香。
- 另外，無意間地皺眉頭，也會讓人一看就感覺不舒服。必須時常提醒自己舒展眉心，即使在緊張或生氣的情況下，也要刻意使自己不要皺眉頭。

櫃檯人員是業務員洽談業務時面對的第一道障礙，雖然他們在公司中的地位也許並不高，但是對於業務員來說卻是舉足輕重的人物。所以業務員不僅要掌握好與客戶之間的關係，更要和客戶櫃檯人員打好交道，讓他們成為你談生意時的助力。

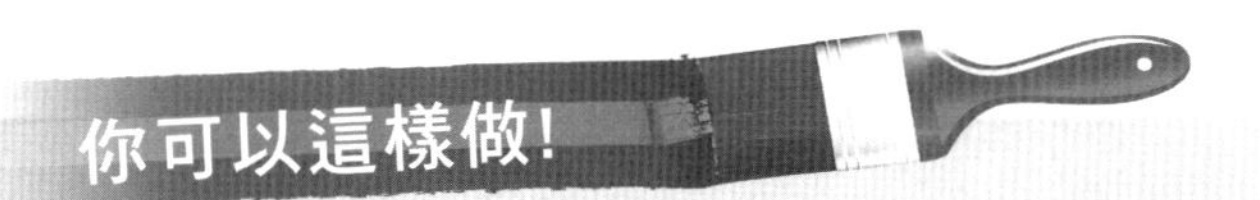

業務員：「您好，我是網路設備公司的業務，今天來是想向貴公司介紹我們的數位多媒體播放器，請問經理在嗎？」

選擇一

櫃檯：「抱歉，經理現在在開會，不方便接見。」

（不好意思，我們公司不需要這個產品。）

業務員：「小姐您好，其實我跟貴公司的林經理有先約時間了，我不想失約。如果他現在正在開會，那麼您能否盡可能地知會他一下，或者我到會客室等也沒關係。」

選擇二

櫃檯：「我們對這個沒有興趣，請您離開。」

業務員：「小姐，可能您對我們的產品還不太瞭解。我們的產品受到很多公司的歡迎，不只是因為我們的價格有競爭力，同時也是因為我們的產品有優良的品質才能如此。如果貴公司的老闆知道這麼好的產品被拒之門外，那會是多麼可惜的一件事啊？」

選擇三

櫃檯：「我們公司對您的產品沒有需求。」

業務員：「沒關係，不過我很希望貴公司能夠瞭解我們的產品。我們公司的產品實力在業界向來是有口碑的，不瞭解一下，很難知道好不好的，您覺得如何呢？」

scene 3

雖然你認真介紹，但客戶並不表態

情景說明

在銷售過程中，業務員常會遇到這樣的情況：當自己興致勃勃地為客戶介紹時，對方卻只是聆聽，沒有對產品做任何相關評論或提問，從表情和動作上也看不出來是贊同還是否定。遇到這種情況時，業務員常會覺得無所適從，因為無法瞭解客戶的想法，也就不知道下一步要如何走。出現這種情況的原因是多方面的，可能是業務員的介紹過於專業，客戶無法理解；可能是客戶對你的介紹不感興趣或者是不信任。無論是什麼原因，業務員都要想辦法打破客戶的沉默，讓他與你互動溝通。

銷售現場

業務員：「今天向您推薦的這套化妝品是最近剛在市面上發售的，是我們公司花了將近一年的時間研發而成。不僅有很好的美白功效，而且還能抗老化。……這套產品是我們這一檔期最暢銷的，客戶的口碑都很不錯……我看小姐您的皮膚應該是中性膚質，這套產品會非常適合您……」

客戶：「……」

錯誤的應對

❶ 我們這裡有試用包，試用一下就知道效果如何，來，您先試用一下化妝水，擦在手背上可以嗎？……

❷ 您要買什麼樣的產品呢？

❸ 這款產品含有從天然植物中萃取的美白成分，可以從基因源頭抑制黑色素，我們的眼霜採用了P—E抗鬆弛成分……

問題分析

客戶默不作聲，無疑會讓業務員感到迷惑和不知所措，不免在腦中猜測：對方到底是對產品不滿意呢？還是對我有偏見？如果自己埋頭再三地苦思，卻又無法拿出有效的做法，這樣不僅會讓銷售過程很難進行，而且還有可能使銷售工作快速終結。那麼，當客戶對你的熱切介紹毫無回應時，你應該如何做呢？

1．巧妙提問，打破沉默

當業務員熱情地為客戶介紹產品，客戶卻沉默、沒什麼反應時，業務員首先該想到的就是透過提問來瞭解客戶的需求和想法，但是提問也要有技巧。你熱情地為客戶介紹產品，對方沒有回應，一定是有原因的，所以此時業務員就需要在提問之前用心思考，有技巧地對客戶提問，你可以參考以下做法。

- 不再簡單地問：「您覺得這款產品怎麼樣呢？」而是說：「小姐，聽完我剛才的介紹不曉得您對我們這款產品是不是滿意，如果喜歡，我可以拿樣品讓您試用一下，您覺得如何呢？」

✦不再簡單地問：「您要買什麼樣的產品呢？」而是要這樣問：「小姐，我看您一直不說話，想必可能已經有喜歡的產品，可以告訴我嗎？我會為您提供建議與幫助。」

雖然提問的重點一樣，但是加入業務員貼心的關懷後，客戶的感覺和反應就會全然不同。

2・切忌喋喋不休

一位電器公司的副總經理曾說：「在代理商會議上，大家投票選出導致業務員談生意失敗的原因，結果有四分之三的人，也就是過半的人認為，最大的原因在於業務員喋喋不休，給人很大的壓迫感，這是一個值得注意的結論。」可見業務員喋喋不休地介紹往往會使客戶感到厭煩與壓力，這不僅是業務員缺乏專業素養，同時也是對客戶不尊重的表現。在業務員不停地介紹當中，客戶往往失去了提問與表達意見的機會，也比較無法對產品產生認同感，沒有哪個客戶願意與不顧自己感受的業務員談話。所以在向客戶介紹產品時，業務員一定要保持適當的說話節奏，給客戶一定的思考空間和時間，以表示對客戶的尊重。

3・停止介紹，並去瞭解客戶想法

客戶一旦沉默不語常會使得業務員頓時束手無策，他們面對客戶毫無表情的臉，就變得不知如何去提問，只好硬著頭皮繼續介紹產品的功能、特點等等，就像「錯誤應對」的第三則一樣，但其實這種做法是大錯特錯的，如果業務員繼續自己的介紹而忽略客戶，那麼不用兩分鐘，客戶就會轉身走人。客戶越是沉默不語，業務員就越要想辦法讓客戶開口，這樣才能瞭解客戶的想法，哪怕客戶的想法是不真實的。

4・熱情而不咄咄逼人

熱情是一個優秀的業務員不可或缺的素質，也是一個企業對所有員工最基本的要求。熱情的業務員往往能更快博得客戶的好感，有些業務員雖然在向客戶介紹產品時非常賣力，卻仍然無法吸引客戶，就是因為他們在介紹產品時缺乏熱情，就像一個學生毫無感情地朗誦課文，無論如何都不會吸引他人的注意。所以在向客戶介紹產品時，業務員不僅要介紹詳盡，還要表現出十足的熱情，並讓這種熱情感染到客戶，激發他對產品的興趣。需要注意的是，對客戶保持熱情也要掌握好限度，不要因為過於熱情而給客戶一種咄咄逼人的感覺，否則非但不會讓客戶產生好感，更有可能招致客戶反感。

5・不要使用過於專業的用詞

業務員在談話一開始如果就使用過於專業的產品術語，很容易就會拉開與客戶的距離。對於一般的客戶來說，產品的技術和專業術語往往不容易理解，如果業務員在推銷一些技術成份較高的產品時，過於頻繁地使用專業術語的話，不僅不能讓客戶更瞭解產品，反而會讓對方一頭霧水，而無法對產品提起興趣。所以在與客戶溝通時，要儘量使用簡潔明瞭、通俗易懂的用詞或適當地舉例，才能讓客戶感受到你的平易近人。

6・有針對性地與客戶溝通

有時候客戶不表態的原因可能是談話內容不能滿足他的心理需求，或是沒有朝著他希望的方向進行，也就是說業務員沒有說到客戶的購買點，尚未激發客戶的需求點。所以在與客戶展開實質性溝通前，一定要透過觀察與交談，盡可能多瞭解客戶的想法、需求和不滿意之處，甚至包括對方的好惡、興趣和家庭情況等等。只有找到客戶最感興趣、最為關心的話題，才能有效展開銷售工作。

你可以這樣做!

客戶：「……」

選擇一

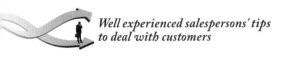

業務員：「小姐，看您一直不說話，**想必已經有喜歡的化妝品**了，可以告訴我嗎？您喜歡哪一類的化妝品？我幫您做詳細的介紹。」

選擇二

業務員：「您看起來很認真在想呢，**我想您一定有什麼特別的想法和意見**，可以告訴我嗎？我會為您提供服務。」

選擇三

業務員：「您對產品有什麼好的想法或者意見嗎？我們會洗耳恭聽，我們都非常願意做到讓您滿意。」

客戶稱他很忙，不方便接待你

情景說明

第一次上門拜訪客戶，就被對方以很忙當做理由，把你擱在一邊，即便是有事先預約，仍然免不了會面臨坐冷板凳的待遇，這的確讓人感到尷尬。但是客戶就是客戶，他可以為了自己的事輕易放棄與你的會面，也可以為了搪塞你而給你一個含糊其辭的藉口。然而不管是客戶真的有事不方便接待你，還是為了拒絕而故意搪塞你，業務員都應該坦然地接受，畢竟業務工作就是需要與客戶面對面的接觸，然後向他介紹產品和服務。如果客戶因為忙而無法接待你，這時就要想辦法讓他放下手頭上的事，假如他真的是在找理由拒絕你，也要運用一定的技巧讓他接受你、認同你，這樣生意才有繼續談下去的可能。

銷售現場

業務員：「您好，我是電子公司的業務，今天來是想向您介紹一下我們公司的新產品……」

客戶：「對不起，我現在很忙。」

（或者：不好意思，我現在要去開會，以後再說吧。

不好意思，我臨時有件重要的事情要處理，還是我們再約下次？）

錯誤的應對

❶ 這樣子啊，好吧，等您不忙時我再來拜訪您。
❷ 其實我知道您不是真的在忙，能否給我幾分鐘的時間讓我來介紹一下產品呢？
❸ 我不是已經先和您預約了嗎？那好吧，下次再約吧。

問題分析

客戶的怠慢或拒絕，很多業務員都曾經經歷過。特別是新手業務員，幾乎沒有哪個能夠在第一次拜訪陌生客戶時就暢通無阻的。其實這正是一個訓練業務員膽量和應變能力的好機會，作為業務員就是要有足夠的勇氣面對客戶的拒絕，因為任何的經驗都是從不斷的碰壁和沮喪之中累積出來的。那麼，當客戶說他很忙時，業務員該如何做呢？

1．不要迅速離開

客戶說他很忙通常有兩種情況：一種情況是真的很忙；另一種情況是以「忙」為藉口，敷衍業務員。無論是哪種情況，業務員聽到客戶說「很忙」之後不要老實地馬上離開，而是要儘量收集一些資訊，例如：

- 用心觀察客戶公司整體情況，瞭解其規模和業務範疇，判斷他是否對你的產品有需求。
- 如果是陌生拜訪，記下對方公司的全名，回公司後在網路上搜尋一下對方的相關資料。

✦如果主管人員的確很忙，可以尋找機會與其他職員交談，例如櫃檯人員、辦公室人員等等。

✦用心觀察該公司的人員情況，如果有員工稱呼某人主管，最好記下來，以便之後電話拜訪或再次登門拜訪時使用。

雖然從整個過程來說，業務員陌生拜訪的成交機率並不高，但是這不代表我們就可以在客戶說沒有需求後迅速離開。業務員一定要珍惜每一次陌生拜訪的機會，即便是第一次拜訪不成功也要收集到這個客戶的相關資訊，讓自己明白這個客戶是真的沒有需求，還是有需求，並要繼續追蹤的對象。

2．不要揭穿客戶的謊言

客戶所謂的「忙」即便是敷衍你的謊言，業務員也不該揭穿，像錯誤應對中的：「其實我知道您不是真的在忙，能否給我幾分鐘的時間讓我來介紹一下產品呢？」這種回答是大忌，絕對要避免的。因為客戶有可能真的很忙，而業務員這樣說是對他公然的不信任，客戶會感到委屈不快，另外，如果客戶不忙，他的謊言被你揭穿，心裡也會不高興。所以無論如何，當客戶說自己很忙的時候，業務員都不要說：「我覺得您並不忙」類似的回答。

3．客戶失約要靈活應對

如果業務員提前與客戶預約，但對方又臨時有事不能接待你，那該怎麼辦呢？此時業務員不能將你的抱怨與不滿直接表達出來，當然也不能像錯誤應對中說的：「我不是已經先和您預約了嗎？那好吧，下次再約吧。」那樣。業務員要學會把握機會，靈活應對：

✦不要馬上離開，如果自己沒有重要的事情，就要等客戶處理完事情，再與他交談，這樣更顯得真誠。可以微笑地對客戶說：「今天下午我把其他的事情都推掉了，沒關係，您先忙，不急的，等您忙完了我們再談。」

- 如果客戶外出，並且不能儘快返回公司，那麼可讓客戶介紹你與相關人員交談。注意這些相關人員多是客戶的下屬，或者比客戶職業低的職員，業務員此時要把握好機會，儘量與這些人打好關係，多讓他們瞭解情況。可不要小看這些「相關人員」，他們往往會影響你下一步銷售的成敗。

4·用關愛的方式檢視客戶是否真的很忙

職場上，相互的關懷能讓人與人之間建立起感情與信任。業務拜訪的工作就是販賣信賴感，想要消除客戶的敵意，建立起良好的信任，就要用充滿關愛的話語發自內心地關心對方。當客戶說忙時，業務員就可以將這種關懷傳遞給客戶。例如，業務員可以說：「李經理，您真是個大忙人，一看就知道是公司的大人物，我每次打電話您都不在或是開會，所以今天就冒昧直接過來拜訪了，沒想到您還是這麼忙，是不是最近有什麼新產品啊？」業務員這樣與客戶交談，對方會覺得受到關心，也會願意與業務員聊一下天，就開啟了雙方的交流機會。另外，業務員在讚美客戶的同時也提出了問題，客戶是否真的很忙，此時他應該會如實地向業務員表明。

你可以這樣做！

業務員：「您好，我是電子公司的業務，今天來是想向您介紹一下我們公司的新產品……」

選擇一

客戶：「對不起，我現在很忙。」

業務員：「您真是辛苦了，有這樣的員工，您的老闆真是有福氣啊！聽說您公司之前幾次成功的案子都是出自於您，是這樣吧？」

選擇二

客戶：「不好意思，我得去開會，以後再說吧。」

業務員：「經理，沒關係，您先忙，我去樓下等您，一個小時以後再上來找您。」

選擇三

客戶：「真是不好意思，我臨時有件重要的事情要處理，不方便接待你，我們下次再約？」

業務員：「您真是個大忙人。今天下午我把其他的事情都推掉了，專程來拜訪您的，沒關係，那等您忙完了我們再談。或者，我先跟您的助理解說一下我們這次的新產品也可以。」

scene 5 朋友介紹的客戶，卻也不買你的帳

情景說明

透過朋友介紹來拓展客戶圈，是不少業務員都一定使用過的方式，不少業務員都認為，既然是朋友介紹來的客戶，就肯定會看在朋友的面子上購買自己的產品。然而事實並非如此，有些客戶雖然是業務員的朋友介紹來的，但是仍然不願意買帳。所以面對朋友介紹的客戶，業務員仍然不可掉以輕心，不要總是想著依賴朋友的關係，而是把他們當作一般客戶認真接待。

銷售現場

業務員：「您好，我是小偉的朋友，經常聽他說起您的事。小偉對我們公司的智慧型按摩椅很滿意。您要不要也參考看看，如果喜歡我可以打個折。

客戶：「不用了，你們的產品我沒興趣。」
（或者：我只是看看而已，沒有想要買。）
好吧，我以後有需要會聯絡你。）

錯誤的應對

❶ 哦，好吧，那您先隨便看看吧。
❷ 哦，那現在讓我為您介紹一下吧？
❸ 好吧，您要是有需要就打電話給我吧。

問題分析

朋友介紹來的客戶也不一定就會買你的帳，因為任何買賣都並非只憑藉交情就能成功，想要得到真正屬於你的客戶，業務員還是需要用自身的實力去說服客戶。只有真正抓住客戶的心，才有可能交易成功，所以業務員應調整心態，根據客戶情況選擇正確的應對方法。那麼，當朋友介紹來的客戶也拒絕你時，該如何應對呢？

1．不要單純依靠朋友關係

將朋友介紹來的客戶，想當然爾地納入可以輕鬆成交的客戶群裡，是天真業務員的想法，然而，這種想法不用說絕對是大錯特錯的。因為人情壓力，人們往往很難拒絕朋友介紹來的業務員。所以這些客戶會願意接見你，但是其實並不一定真的對你所銷售的產品有興趣，甚至有些客戶不願意別人利用自己的友誼做交易，因此也有可能對你完全不予理會，只是表面應付而已。所以對於業務員來說，絕對不可以在對待客戶時先有著刻板印象，單純地想憑藉朋友關係就做成買賣，這反而很容易因為太放鬆而失去客戶。

2・不要急於一時成交，要放長線釣大魚

正如我們之前所分析，朋友介紹來的客戶，不一定會有明確的產品需求，即便是客戶也會存在著多種選擇與需求，所以，業務員在面對這種客戶時不要急於成交，而要放眼於未來。朋友介紹的客戶有一個好處，就是通常不會直接拒絕你，業務員可以利用這點多與客戶接觸，但注意不要太過頻繁。接觸時間長了，客戶如果覺得你為人坦誠、熱情，而他自己本身又有產品需求時，那麼他自然會選擇向你購買。

3・從朋友那方面多瞭解客戶

很多時候，那些業績很好的業務員往往一開始都不會單刀直入，大多會與客戶寒暄一陣，增加與客戶之間的互動。對於這種朋友介紹的客戶，更要如此。由於是朋友介紹，所以業務員可以從朋友那裡多瞭解一些客戶的個人資訊，例如工作、家庭、個人喜好等等，以便在與客戶見面時能順利開展話題，拉近雙方距離。

4・製造客戶需求讓他替你買單

在銷售中，客戶需求往往比產品本身更為重要，無論何時，業務員想要在最短時間贏得客戶的心，都需要借助客戶的需求來實現。所以業務員最好透過朋友多瞭解客戶，並在保證利益的同時儘量滿足對方需求。如果發現客戶沒有明確的購買需求，業務員就要想辦法為客戶製造需求，例如當客戶對介紹的淨水器不感興趣時，就應該向他說明喝好水對人體健康的重要性，為客戶製造購買需求，以求抓住客戶心理，贏得客戶對產品的關注。

你可以這樣做!

業務員：「您好，我是小偉的朋友，經常聽他說起您的事。小偉對我們公司的產品很滿意，您看看吧，喜歡的話我可以打個折。」

選擇一

客戶：「不用了，你們的產品我不太喜歡。」

業務員：「嗯，您是不是在他那裡看過呢？有什麼不滿意的地方嗎？都可以告訴我，這樣我們也有改進的機會。」

選擇二

客戶：「我只是看看而已，沒有想要買。」

業務員：「那您正好可以瞭解一下呢，不知道您有沒有聽過我們公司出的智慧型按摩椅呢？」

選擇三

客戶：「好吧，我以後有需要會聯絡你。」

業務員（**微笑**）：「聽小偉說，您是個技術工程師，真了不起，這麼年輕就當工程師了，真讓人羨慕。不過一定要注意身體，現在常用電腦的工作，對眼睛不好，平時如果多注意跟運動就能改善很多呢。」

scene 6

客戶明確表明已選擇或考慮其他品牌的產品

情景說明

在與客戶溝通的過程中，如果得知客戶考慮要選擇其他品牌，或者決定購買其他產品時，業務員就通常會覺得勝負已定，不用再做努力了。但其實不然，在客戶真正掏錢之前，任何一個業務員的機會都是均等的，即便是客戶已經明確表示要選擇其他品牌的產品也沒有關係，關鍵在於業務員用什麼樣的態度和應對措施去改變客戶想法，只要業務員使用正確的方法，就能扳回一城。

銷售現場

業務員：「您好，我是淨水器公司的業務，今天來是為了向您做個詳細的介紹，我們公司的淨水器品質非常好。」

客戶：抱歉，我還是覺得那家公司的產品比較物超所值。

（或者：想來想去，我還是打算買那家公司的產品。）

我已經看好了別的公司的那款產品了。）

錯誤的應對

❶ 哦，是嗎？那好吧，如果以後有機會再跟您介紹吧。
❷ 聽說他們公司的產品檢驗沒有過關，您沒聽說嗎？
❸ 其實我們的產品品質非常好，您為什麼不聽一下我的介紹再決定呢？

問題分析

客戶向你表示要考慮其他品牌、或者已經決定要購買其他品牌的產品時，正是證明客戶在給你機會，此時，如果你放棄或是應對錯誤，就有可能失去唯一有轉圜的機會，如果能拿出有效的辦法來應對，就有可能扭轉乾坤逆轉勝。那麼，在面對客戶提出要購買其他品牌產品的問題時，我們需要注意哪些問題呢？

1．不抹黑競爭對手

班傑明富蘭克林說：「不要說別人不好，而要說別人的好話。大多數情況下，不失時機地誇讚競爭對手可以令人們得到意想不到的效果。」當客戶提出想考慮或準備購買其他品牌的產品時，往往有些業務員為了要留住客戶而開始說一些抹黑其他品牌產品的話。但無論何時，業務員使用這種方式都是非常不明智的，這不僅不會削弱客戶購買其他產品的熱情，反而還會對業務員的人品產生懷疑，可以說是得不償失。如何評價自己的競爭對手，直接反應出業務員的素質和職業操守，也在一定程度上決定著生意成功與否。所以作為一個業務員最好不要將話題輕易轉移到競爭對手身上，如果非要談論對手，也要發自內心感受，客觀公正地評價競爭對手，使客戶瞭解到更多資訊，並感受到你的真誠和素養，不要隱瞞對方優勢，又誇大對方缺點，更不可以憑空捏造。真誠

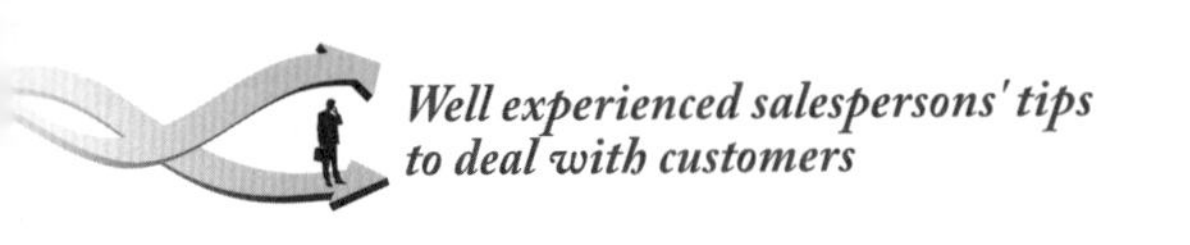

比任何東西都更能吸引到客戶的注意，如果你總是試圖用缺乏證據的主觀言論來抹黑競爭對手，那麼只會讓客戶離你越來越遠。

2·強調產品優點，吸引客戶對產品的注意

在客戶有了要購買其他產品的意願時，業務員要吸引客戶最有效的方法就是讓客戶加深對產品優點的印象和理解。產品優點是指產品最顯著的優質特徵，例如在向客戶推薦房車時，如果客戶以這車款太小為由拒絕，並認為其他品牌的車子大，空間寬敞時，業務員都可以利用產品反向的優點來吸引客戶，向客戶強調這款車雖然相較之下小了點，但是省油，好停車，搬運方便，以眾多的優勢來壓倒弱勢，使客戶注意產品優勢。

3·為客戶製造懸念

我們都知道，好奇心可以幫助人們探索更多的未知，而在銷售中，客戶的好奇心也有助於業務員一臂之力。在客戶提出已考慮要購買其他品牌的產品時，業務員可以製造一些懸念給客戶，激起他的好奇心，以便延長與他溝通的時間，並加深對產品的瞭解。例如：「您知道那家公司的利潤為什麼能在三個月內翻一倍嗎？」、「您記得去年曾經紅極一時的某型號電腦嗎？」等等，當客戶被吊胃口起來後，業務員就可藉此機會說服客戶，加深他對產品的瞭解和印象。

你可以這樣做！

業務員：「您好，我們公司的淨水器品質非常好，您有興趣瞭解一下嗎？」

選擇一

客戶：「抱歉，我還是覺得那家公司的產品比較物超所值。」

業務員：「哦，他們公司的產品的確不錯，不過我們的產品有獲得國家認證，很多醫生都指定購買我們的產品。」

選擇二

客戶：「想了很久，我還是打算買那家公司的產品。」

業務員：「沒關係，您可以多看看，多瞭解市場對您才更有利，您知道為什麼我們公司的產品能在三個月內產量翻一倍嗎？」

選擇三

客戶：「我已經看好別的公司的產品了。」

業務員：「是嗎？不過如果您多參考一下其他廠牌的產品，對您來說絕對會更有幫助的，像我們的產品，它的濾水過程是……」

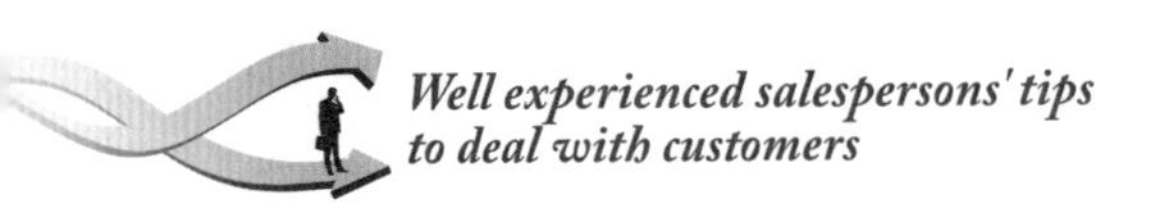

自己太過緊張，客戶態度也很差

在銷售過程中，業務員難免會遇到態度不好的客戶，特別是剛進入這一行的菜鳥業務，面對客戶經常性的冷眼相待或不屑一顧，很有可能總是不知所措，而這樣的表現無疑會讓緊張的銷售局面更加尷尬，銷售工作也難以進行下去。所以遇到態度不好的客戶，業務員千萬不要緊張，要盡可能地保持冷靜，做到不急不躁，落落大方，理智地回應客戶，並透過積極地調適客戶情緒，來舒緩此時的緊張氣氛，順利地完成銷售工作。

銷售現場

業務員：「您，您好，我是建材公司的業……業務，聽說貴公司正需要一批建築材料，不知道您對我們的產品，那個，嗯……」

客戶：「你到底想說什麼？我時間很趕，如果沒什麼重要的事就別打擾我。

（或者：我沒有聽說過你們公司，我是不會買你們的產品的。）

錯誤的應對

❶ 不，請您等一下，今天有很重要的事情想和您談，我已經等很久了，就是為了能跟您談談，請給我一些時間吧。

❷ 哦，那好吧，再見。

❸ 我已經等您很久了，請讓我把話說完可以嗎？

問題分析

任何一個業務員都不願意碰到態度不好的客戶，但是如果真的遇到了，就需要業務員保持冷靜，不要為一時的情緒氣憤而去反駁客戶，或是乾脆賭氣一走了之，這樣只會給客戶留下更差勁的印象，對未來可能的合作機會也有負面影響。那麼在實際銷售中，如果遇到了態度不好的客戶，業務員到底該如何做呢？

1．穩定情緒，而後泰然處之

外國諺語說：「衝動是魔鬼。」如果運氣不好遇到態度差的客戶，絕對避免不了冷言冷語或是給臭臉看，這時，如果你也跟著針鋒相對起來，就絕對不是個聰明的做法。或者是趨向消極，那麼不是被客戶牽著鼻子走，就是讓銷售工作草草結束。對此，應該要保持冷靜，保持平常心。客戶態度再差，也要儘量舒緩雙方緊張氣氛，平靜地交談。

2．不做「乞丐」

服務業有這麼一句話，說：「客人永遠是對的。」所以推銷時如果遇到態度不好的客戶，業務員可能就會採取屈就的方式，順著客戶的脾氣和觀點，希望藉此獲得客戶的信任和肯定。但其實這是非常不正確的，一味地遷就客戶雖然可能能讓客戶做出購買決定，但是卻同樣有可能會面臨更大的難題。例如為了贏得好感而答應客戶提出的降低產品價格的要求，這就會讓你的銷售業績贏了面子丟了裡子。銷售工作是互惠互利的，也需要在公平、公正的條件下進行並實現，在銷售時，業務員要做到不卑不亢，對待客戶要熱情適度，如果發現客戶言語觸及或對公司利益及產品信譽有負面影響，就要毫不猶豫、義正言辭地向客戶澄清說明。

3・拜訪前做好充足的準備

事前準備不夠充分，也有可能影響客戶的態度。例如客戶詢問產品具體情況時，無法回答清楚，那麼客戶認為你不夠專業而顯得態度差也是正常的。所以在拜訪客戶前，一定要做好充足的準備，做到熟悉產品品質、原理、價格、用途、保養方法以及它的侷限性、優缺點，或是產品所獲得的獎項和榮譽等相關歷程，重要的是，還要盡可能地掌握客戶情況，例如客戶的年齡、個人經歷、脾氣、個人嗜好、經濟狀況等。唯有這樣，才能在與客戶交談時應對自如，為自己營造出一個好的銷售氛圍。

4・保持耐心，不輕易放棄

愛因斯坦說：「耐心和恆心總會得到報酬的。不論做什麼事，只要你擁有耐心和恆心，都能成功。」在銷售時，態度差的客戶可能會讓銷售局面陷入困境，但是你不可能讓客戶來解決，此時最需要做的就是拿出耐心，這時你的耐心就像溫暖的陽光，和煦且持續，即便是再刁鑽的客戶，也可能會融化。同時也要保持著微笑，向客戶展示何謂高素質的業務員。如果客戶始終在抱怨，那麼就要耐心地向客戶詢問：「您能談一下您的需求和希望嗎？」或者「我能理解，您先不要急，能先把當時的具體情況說一下嗎？」等等，如果客戶發覺你在他不善的態度面前仍然這麼有耐心，也許就會試著聽你的介紹，甚至會尊敬你的度量。

總之，你必須要盡己所能地避免客戶出現壞情緒，如果引起客戶的壞情緒並不在你，那麼你也要想盡辦法去除，而不是想自己有多麼無辜。因為客戶的態度和情緒關係到你銷售工作的成敗，只有從自己身上找原因，努力改變緊張的現狀，才有可能獲得客戶的心，銷售成功。

你可以這樣做!

選擇一

客戶：「我沒有聽說過你們公司，我是不會買你們的產品的。」

業務員：「我想您可能還不是很瞭解我們的產品，聽說貴公司需要一批建築材料，特別是需要七種顏色的油漆。我們公司可以提供七種顏色的油漆，而且是符合環保標準的，今天我還帶來了我們的產品DM，希望您能看一下。」

選擇二

客戶：「你到底想說什麼？我趕時間，如果沒什麼重要的事就別打擾我。」

業務員：「我知道像您這樣的大人物每天都很忙，不過如果您能抽出幾分鐘的時間，或許能為您的公司帶來很大的利益。您願意抽出幾分鐘聽我介紹嗎？」

scene 8

決策人不在現場，當事人做不了主

情景說明

面對的人不是最終決策者，在一開始就不願意談論過多，這樣的情況，不少業務員都曾經歷過，而想要跟這樣的客戶達成交易，往往需要業務員照顧到更多方面。有的業務員會企圖聯繫到真正的決策者，但是如果如此，銷售則往往會失敗，因為眼前的客戶一旦走了，是否能夠成交就成為了更渺茫的未知。想與決策者再次接觸，不說浪費精力、時間，還有可能直接遭到拒絕，想要達成交易也就更困難了。所以與其找真正的決策者洽談，不如照顧好眼前的客戶，堅定我們面對的當事人的購買決心。

銷售現場

業務員：「今天向您介紹的這款機器人掃地機功能齊全，用起來方便又省力，您一定會非常喜歡的。」

客戶：「關於家電用品我沒辦法一個人決定，我還是和家人商量一下再說吧。」

（或者：我太太現在不在，她不喜歡我亂買，我再跟她商量一下。

不知道我太太想不想要，我再考慮一下吧。）

錯誤的應對

❶ 您不用再商量了，不想買就直說嘛。
❷ 那好吧，您商量好再說。
❸ 真的很超值，也很適合家庭使用，還需要考慮什麼呢？這樣的事情您不能決定嗎？

問題分析

業務員想要得到與客戶更加深入交流的機會，就要善於抓住眼前說話的時機。優秀的業務員不會輕易地讓任何一位客戶就這樣直接離開，即便是面對那些不是擔任決策角色的客戶。因為他們知道，只要突破眼前當事人的心理防禦，接下來的工作就會變得非常順暢。而要如何才能使沒有決策權的當事人升級為最終的決策者呢？這就需要業務員掌握有方法的銷售技巧：

1．給客戶留一個好印象

不論客戶是否具有決策權，業務員都應該盡可能地給客戶留下好印象，這對自己未來的行動絕對大有幫助。這不僅需要業務員注意自身形象和言行舉止，還需要讓產品也在客戶心中留下好印象。因此業務員要在一開始就特別強調產品的賣點，讓客戶記住產品的獨特性，這樣一來，即使客戶真的離開了，也會對產品留下深刻的印象，也許日後經過考慮再三，我們的產品仍有可能成為他的首選。

2・向客戶施加壓力

沒有決策權的客戶，在與業務員交流時，往往缺乏主動性。我們都知道「壓力可以迫使行動」這個道理，將它套用在客戶身上仍然合適。給予一定的壓力，就能迫使客戶做出決定，能化被動為主動。例如告訴客戶產品數量有限、優惠活動即將結束等等，給客戶一定的壓迫感。但是需要注意的是，任何事過猶不及都不好，給客戶壓力也要講究程度，太小引起不了應有的反應，太大則反而讓客戶難以接受，讓他更想離開。

3・給客戶一點「小誘惑」

從購買中獲得額外的利益，是多數客戶做出最終成交決定的原因。人大多是利益取向，權衡事物是否能夠給自己帶來更多價值，是一般顧客的正常心理。所以讓客戶明白買與不買的利益相差多少，就能增加他的談話熱情，而願意展開交談。所以業務員不妨使用一點「小甜頭」，告訴客戶購買產品之後他會獲得什麼樣的利益，對他有什麼幫助和好處，如果這些誘惑有足夠吸引力，那麼他就會很放心地與你展開互動。

4・給客戶留面子

客戶明確地說出自己沒有決策權，有些業務員就會直接認為客戶是在找藉口拒絕，於是就可能會用不恰當的話來回應客戶，而我們說這種做法是十分不明智的，不給客戶面子的話，無疑是將雙方關係逼到死巷，如果客戶離開之後改變心意認為應該瞭解一下產品，也會礙於面子關係而放棄與業務員再次交談。所以必須要給客戶留足面子，如果客戶回頭找你，才能有繼續發展的成交空間。

客戶是否具有決策權，絕對不是業務員需要注意的重點，任何一位客戶在最後做出成交決定時都離不開業務員的「培養」。只要眼前有客戶，業務員們就要看對時機抓緊，盡所能地打動他，讓他化被動為主動，只要客戶有了足夠的購買熱情，就不用擔心產品賣不出去。

你可以這樣做!

業務員：「今天向您介紹的這款機器人掃地機功能齊全，用起來方便又省力，您一定會非常喜歡的。」

選擇一

客戶：「關於家電用品我沒辦法一個人決定，我還是和家人商量一下再說吧。」

業務員：「您真是體貼家人，我能理解，但是您可以先聽聽看我的介紹，因為其實像我們這全自動掃地機市面上是比較少的，您不妨先瞭解一下。」

選擇二

客戶：「我太太現在不在，她不喜歡我亂買，我再跟她商量一下。」

業務員：「您真是一個貼心的老公，但是其實您完全不用擔心，我們的產品是最新科技的掃地機，只要有它，一按鈕就能把家裡掃得一塵不染，還能設定時間自動啟動。既方便又快速，能節省很多時間，今天就賣出了兩台。」

選擇三

客戶：「不知道我太太想不想要，我再考慮一下吧。」

業務員：「這樣啊，一看您就是很疼太太的人，您擔心買了以後她不喜歡嗎？其實我們的產品非常受到女性朋友歡迎，替家庭主婦們幫了不少忙。」

客戶明顯對你不信任

情景說明

在銷售剛開始的階段就碰到客戶對產品及自己的不信任，這無疑會讓業務員覺得是不是說什麼都沒有用了，而開始不知所措。如果客戶對業務員和產品本身缺少信任，那麼業務員介紹產品和說服客戶的效果就會大打折扣，成交的機率就會大大降低。得到客戶的信任，是銷售成功的首要條件，而信任來自於業務員心與心的溝通，要讓銷售順利地進行下去，業務員就必須透過與客戶真心的交流來建立起彼此信任的橋樑，這不僅需要業務員有良好的個人素質，還需要具備一定的溝通技巧。一旦兩方信任的橋樑建立起來了，交易也就能進展順利了。

銷售現場

業務員：「小姐，連續使用我們的這款護膚面膜8天，就能讓肌膚由裡到外柔嫩滋潤，還能縮小毛孔，這也非常適合您的膚質。請問您是否有興趣到我們公司參加美容講座？」

客戶：「我沒聽說過你們這家品牌，也沒用過你們的產品。」

（或者：你們是直銷吧？想騙我去你們公司吧。

嗯？怎麼可能？有這麼神奇嗎？也說得太誇張了吧！）

錯誤的應對

❶ 您沒聽過才需要瞭解一下呀。
❷ 小姐怎麼這樣懷疑呢。
❸ 我說的是真的，您可以買來試一試就知道了。

問題分析

客戶如果在一開始就表現出明顯的不信任感，這往往不是對業務員或者產品不信任，而是對這種推銷模式覺得反感。即便如此，優秀的業務員還是能將這種反感轉變為正向幫助，甚至達到成交。優秀的業務員往往能在第一時間就贏得客戶信任，因為他們深知自己給客戶的第一印象的重要性，因此非常注意與客戶初次見面時的各項細節與表現。

1．用真誠軟化客戶的不信任

真誠是銷售工作獲得成功的基石。在推銷產品時，你也許內心真誠，但是如果沒能順利地傳達給客戶感受到，也同樣是難以贏得他的信任。所以，在與客戶第一次接觸時，即便客戶對你的態度充滿著不信任，也不要太快就放棄，依然要保持真誠。法國作家拉羅什富科說：「真誠是一種心靈的開放。」因此在與客戶溝通時，不僅要注意說話技巧，還要真正打開心扉，讓客戶覺得跟你交談很輕鬆。你會發現，反而很多時候，給客戶這種輕鬆感比起你費盡口舌去說服他要有用得多了。

2・針對客戶不信任的部分加以說明

當發覺客戶對你不是太信任時，就需要盡可能地弄清楚客戶不信任你的原因，瞭解具體的情況之後，就據此做出相應的解決措施。有時候，客戶可能是因為對你本身不夠信任，此時，除了向客戶表現出真誠之外，還要拿出一些能夠證明自己的東西，例如證書、相關內容的照片等等。如果客戶是因為對你的公司存在著質疑而不信任你，那就可以向他出示公司相關資料，如果能在事前準備一些公司活動照片，那麼就更能取信他們。

3・向客戶展現你的自信

有句俗話說：「自信是成功的一半。」而你的自信就是博取客戶青睞的第一招殺手鐧。從見到客戶的那一刻起，就要用自信武裝自己，要相信沒有什麼不可能的。相信自己，相信公司，相信產品，這是必須要說服自己做到的。這種自信不僅來自於你的內心，同時還來自於你的形象，整潔的服裝和得體的應對進退可以替你增加自信及說服力，另外真誠的微笑也是一種表達自信的方式。當你將這些自信表達出來的時候，就等於在無形中向客戶傳達一種訊息：我們的產品非常好，我是一個值得你信賴的人。

4・從客戶角度出發解決問題

不可否認，銷售的最終目的是賺取利潤，而目的的實現則是一個奉行客戶至上的過程，每一位客戶都喜歡為他著想的業務員，如果在一開始你就表現出處處為他著想的樣子，就可以在短時間內拉近彼此的心理距離。在介紹產品時，要將它跟客戶密切連結起來，例如：「其實本來打算介紹另一款的按摩椅給您，但是想了想還是覺得這款對您來說更適合，因為它的按摩功能可以幫助您舒緩長年腰痛的症狀。」當他對你產生親切感之後，你的工作進行會變得容易得多。如果產品將來不小心出了問題，他們也不會抓著你蠻不講理。

業務員：「小姐，連續使用我們的這款護膚面膜8天，就能讓肌膚由裡到外柔嫩滋潤，還能縮小毛孔，這也非常適合您的膚質。請問您是否有興趣到我們公司參加美容講座？

選擇一

客戶：「我沒聽說過你們這家品牌，也沒用過你們的產品。」

業務員：「沒關係，您的心情我能理解，如果是我沒有聽說過的公司，我也會不太相信。不過我們公司是日商公司旗下的，產品口碑一直都非常好，美容講座也都是免費的，這是我們公司開設講座的照片，還有授權證明……」

選擇二

客戶：「你們是直銷吧？想騙我去你們公司吧。」

業務員：「我們公司非常正規，產品也都符合國家相關規定，這是我的名片，上面有公司和供應商的電話，另外這本產品DM裡也有我的照片……」

選擇三

客戶：「嗯？有這麼神奇嗎？說得也太誇張了吧！」

業務員：「這是我們公司本季新研發的護膚面膜，我現在手邊有一本

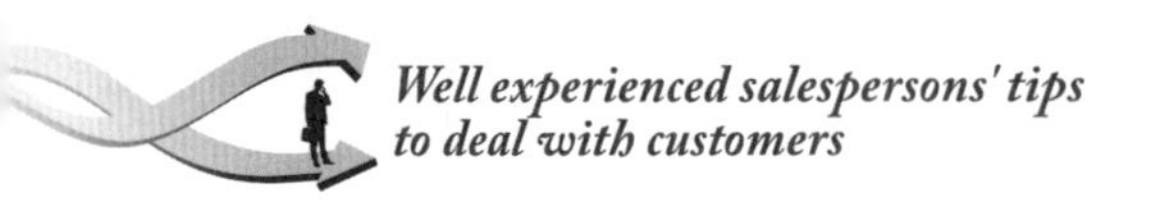

產品宣傳DM，上面有產品製造原理和一般消費者使用情況的介紹與分享，這款產品在韓國或其他東南亞國家也賣得很好，因為它是專門為東方女性的膚質與臉型所研發的，價格也比歐美產品更便宜。」

真心讚美客戶，他卻不領情

情景說明

馬克・吐溫說：「僅憑一句讚美的話就可以活上兩個月。」渴望獲得讚美是每個人的天性，讚美可以讓人充滿自信，增加行動能量。在銷售工作時也不例外，真心地讚美客戶是優秀的業務員所需要具備的重要說話技巧。但是不少業務員在運用讚美時，卻遇到了障礙，雖然自己發自內心地稱讚客戶，但是客戶卻一點都不領情，這通常會讓業務員對讚美的作用開始產生懷疑。其實這可能只是讚美得不夠恰當造成的，只要說法正確、語意誠懇，讚美的確都能夠助業務員一臂之力。

銷售現場

業務員：「您真是厲害，能看懂這麼多複雜的機械結構，我真是佩服您。」

客戶：「這個對我來說不難，沒什麼好大驚小怪的。」

（或者：我們做這行的，哪像你們做業務，動動嘴皮子就行了。看懂這個就這麼稱讚我，是別有居心吧。）

錯誤的應對

❶ 真的嗎？這樣我就更佩服了。您真是深藏不露啊！
❷ 我是真心讚美您的，您怎麼這樣誤解我的意思啊！
❸ 沒有，我是真心稱讚您的，您怎麼可以這樣想呢？

問題分析

讚美客戶固然可以拉近距離，但是如果不注意讚美時的細節、不考慮當時的客戶心情和說話時機，就很可能會讓讚美失去應有的效果。對於業務員的讚美，客戶如果不領情，那麼就要考慮一下是否是以下原因造成的：

1．讚美客戶是否拿捏適度

鮮花固然惹人愛，但是當它成了無邊的花海，多少也會令人感到厭煩。過猶不及都不好，無論什麼事情，只要太過度，效果都會適得其反。我們說讚美如花，銷售中的讚美在於吸引客戶，拉近彼此的關係，所以當我們在讚美客戶時，一定要掌握好讚美的程度，否則即便是出自於真心也會被客戶認為是奉承。

2．是否說對了讚美時機

向客戶介紹產品是一個與客戶深入溝通的過程，是否能在適當的時間點裡說正確的話，就顯得非常重要。讚美也需要找對時機，如果發現客戶攝影技術很好，最好不要馬上就讚美他，而是多給他一些表現的機會，最好能看看他拍攝的照片或是聽他說一些攝影的技巧等等，然後再稱讚他，讓他感覺你是在看到足夠的事實之後才下的結論，能更信任你說的話。

3・是否說對讚美點

讚美客戶不僅需要好的口才，也需要有見多識廣的知識，因為你一旦開始對客戶的某方面進行讚美，就要有心理準備這方面可能會成為接下來要討論的主題，假設你對這方面其實並不瞭解，那麼就會使客戶興致大減。例如你在讚美客戶的攝影技巧時，勾起了客戶的興趣，但是在兩方深入交談後，客戶發現你對這方面並沒有什麼高深的見解，甚至連基本的原理都不太清楚時，就會讓客戶覺得你是在敷衍他。但是任何人都不是萬事通，總會有自己不熟知的領域，所以在讚美客戶時，就需要根據自身情況，儘量選擇自己比較瞭解的部分來做延伸。

4・是否讓讚美延續

在發現客戶對讚美沒有什麼反應後，有的業務員會認為客戶不喜歡聽稱讚的話，就不再讚美客戶，甚至因為客戶的誤解或反諷式的回應而發生爭執，這些做法都是非常不可取的。任何一個人都不會喜歡拒絕他人的稱讚，所以讚美客戶的舉動應該是貫穿於整個銷售過程的，只要有機會，就要掌握時機來運用讚美。如果發現客戶對你的讚美無動於衷，就要想一想在稱讚客戶時有什麼不適切的地方，而不是停止對客戶的讚美。

5・讚美是否說到客戶心坎裡

真正的讚美能拉近你與客戶之間的關係，想要達到這樣的效果，就要盡可能地找到客戶最感興趣的話題，找到切中客戶心意的讚美，像這樣地將讚美說到客戶心裡，就像是你用稱讚說出了他的心聲，會讓他自信大增，打從心底高興起來。

6・是否讚美到客戶與眾不同之處

客戶對你的稱讚不領情，還有可能是因為讚美他的地方曾經被許多人讚美過，或者是很多人都具備，讓他早已司空見慣，不足為奇了。所以最好對客戶仔細觀察，找到客戶身上與眾不同的地方，給他一種不同凡響的讚美，這樣就能吸引到客戶目光，而對你的敏銳觀察感到受寵若驚。

你可以這樣做!

業務員：「您真是厲害，能看懂這麼多複雜的機械結構，我真是佩服您。」

選擇一

客戶：「這個對我來說不難，沒什麼好大驚小怪的。」

業務員：「是嗎？不過我還是第一次遇到像您這樣的機械達人，講解起來又這麼清楚，我真是佩服您的好口才啊。」

選擇二

客戶：「我們做這行的，哪像你們做業務，動動嘴皮子就行了。」

業務員：「您不但技術好，口才也很好，像您這樣聰明的客戶，我很少遇到啊。」

選擇三

客戶：「看懂這個就這麼稱讚我，是別有居心吧。」

業務員：「我是真心稱讚您的，每次都是我對客戶講解原理，今天聽了您的幾句說明，真的是受益匪淺，對我的工作也有不少的幫助，真謝謝您！」

Chapter 2

產品介紹

～如何讓產品受客戶青睞

scene 11

介紹產品時，總被客戶打斷

情景說明

在介紹產品時，客戶經常打斷，或說一些跟產品毫無關連的話題，這都會讓業務員覺得困擾。因為一旦業務員介紹的過程被打擾，產品的介紹步驟和自己的思考也會被打亂。客戶經常打斷對話，是因為他對產品的注意度不夠，或是對產品有疑義，不管處於何種原因，出現這種情況時，業務員要懂得如何應對，這樣才能順利地介紹自己的產品，也才能夠更進一步實現成交。

銷售現場

業務員：「您好，我們的這款香氣水氧機是經過高科技提煉出來的純植物型產品，不含香精和化學物質，是純天然的草本產品，絕對不會……」

客戶：「我的朋友去年用過一款薄荷味道的芳香劑，應該不是你們公司生產的吧？」

業務員：「對，是美國那家公司的。今天這款是混合香味，它裡面包含了玫瑰、葡萄籽、甜杏仁……」

客戶：「就是他們那個薄荷味道的芳香劑，我的朋友用過一次之後就頭暈得非常厲害。」

（或者：沒想到這兩天天氣這麼熱，我整個早上都口乾舌燥的。
不好意思，我先打個電話。）

錯誤的應對

❶ 您先聽我把這款芳香劑介紹完好嗎？
❷ 是啊，這兩天的確是很熱，很反常啊！
❸ 好吧，那等您忙完了我再介紹。

問題分析

如果客戶沒有集中精神聽，或是對產品有疑義，那麼業務員的介紹就有可能不斷地被客戶打斷，這是每一個業務員都可能經常會面臨到的問題，如果不能適當處理，不僅不能讓客戶真正瞭解商品特色，反而還可能流失客戶。有經驗的業務員能在短時間內將客戶的注意力拉回到產品上，這是因為有正確應對這些問題的好方法：

1．有選擇性地傾聽客戶的話

向客戶介紹產品，不是單純的你說他聽，而是一個雙向交流、有選擇性溝通的過程。如果在介紹產品時，發現客戶一再打斷，那麼就要耐下心來，給他一定的時間，讓他說說他的想法，並仔細傾聽。而所謂的仔細傾聽，是指你要將客戶所說的與你的銷售工作無關的話題剔除掉，盡可能認真傾聽客戶提到的與產品相關的語句，並從中掌握住客戶對產品的觀感，這樣就能較快找到他真正關心的地方在哪裡，再思考自己介紹產品的方式和方向是否符合客戶的心理需求，如果不符合，就要適當地調整，讓它與客戶關心的問題做結合。

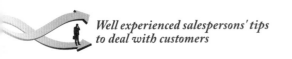

2．適時詢問客戶

客戶經常性地打斷對話，可能是他的真正需求沒有被重視，既然你的冗長介紹不能解答他的疑問，他當然就不願意多聽下去。但是根據對話內容，又無法從他的話中找到明顯的關注點，這時候就要根據自己的判斷，適當地向客戶詢問，直接要求答案。例如像上頁的情境，客戶談到另一款芳香產品曾出現過頭暈反應，你就要向客戶詢問，是否是在擔心使用產品之後會有副作用的問題，這樣不斷地減少你的介紹與客戶需要解答的之間差距，就能使你的介紹更加滿足客戶的要求，而能加快溝通過程。

3．利用客戶話題向前邁進

有時候，你會發現客戶打斷你時所說的話似乎與產品沒有什麼關聯，但其實從客戶的不少話語裡，都能挖掘出一些可用的話題。例如本案例的情境中客戶提到天氣熱的問題，就可以將它聯結到草本植物香氛水氧機的清涼香味，及水霧效果上，這不僅能避免離題，還能藉機向客戶介紹產品特點，如能以這種連結的方式介紹產品，一定能夠給客戶留下更深的印象。

4．告訴客戶一個不可思議的結果

客戶經常打斷你的話，也可能是你的介紹方式不夠吸引他。這時，最好不要繼續像唸稿似地向他介紹產品，而是應該先拋一個大誘餌，告訴他一個不可思議，甚至無厘頭的結果，例如：「您知道這種草本植物香氛能讓一頭暴躁的獅子冷靜嗎？」這樣他就會被你所提到的問題所吸引，而願意聽你說下去來瞭解事情的原委。在解答的過程中，要將產品的相關內容穿插在內，讓客戶在得到解答的同時，也瞭解到你的產品的作用。這樣，客戶就會自然而然地對產品做出評價，並幫助你判定與他進一步交談的方向。

總之，客戶打斷業務員的談話很常見，而這也是一個幫助業務員加深瞭解客戶內在需求的過程，所以面對這樣的狀況業務員不要過於在意，只要正確使用以上方法，並秉持良好的服務態度，就能讓自己的產品介紹產生好的正面效果。

你可以這樣做!

業務員：「您好，我們的這款室內香氛水氧機是經過高科技提煉出來的純植物型產品，不含香精和化學物質，是純天然的草本產品，絕對不會……」

選擇一

客戶：「沒想到這兩天天氣這麼熱，我整個早上都口乾舌燥的。」

業務員：「是啊，這兩天真的很熱，這時候我們的這款香氛水氧機就派上用場了，它的水霧效果能讓您很清涼喔。」

選擇二

客戶：「就是他們那個薄荷味道的芳香劑，我的朋友用過一次之後就頭暈得非常厲害。」

業務員：「您是在擔心使用我們的產品後會有過敏反應對嗎？其實您完全不用擔心，我們的產品都是經過國家檢驗的，不會引起任何過敏反應，您可以安心使用。」

選擇三

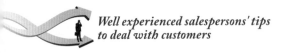

客戶：「不好意思，我先打個電話。」

業務員：「您要打給家人嗎？其實您也需要使用一些香氛產品來讓室內待起來更舒適，在家裡喝杯下午茶心情也就更好了，這而且它的水霧效果，不僅有保濕滋潤的效果，還能在您的皮膚上留下淡淡的清香。」

任你怎麼介紹，客戶就是不感興趣

情景說明

在聽過一番介紹之後，客戶似乎依然對產品不感興趣，這種反應常常會讓業務員陷入進退兩難的境界，客戶沒有興趣，銷售工作就無法繼續進行，如果再從頭介紹，就可能讓客戶厭煩。一些業務員成交失敗的原因，就是因為跟客戶之間碰到了這樣的瓶頸。想要讓銷售工作順利進行下去，業務員就必須在自己與客戶之間找到對的點來打破這個瓶頸。

銷售現場

業務員：「現在為您介紹的這款人體工學枕頭帶有著淡雅清香，採用了最新科技設計而成，對您的睡眠品質有非常大的幫助的。」

客戶：「你不用再介紹了，我對這個不感興趣。」

（或者：我多運動就可以了，運動的效果比這個還要好。還是過一段時間再說吧。）

錯誤的應對

❶ 我介紹了這麼多，難道沒有您喜歡的功能嗎？
❷ 現在大家都忙碌，哪有時間運動啊。
❸ 好吧，那您到時候再聯絡我吧。

問題分析

在做了詳盡的產品介紹之後，卻仍然無法提起客戶的興趣，這常常發生在菜鳥業務身上。而經驗豐富的業務員較少出現這樣情況的原因是，他們總能讓自己像磁鐵一樣地吸引客戶的注意，讓客戶願意傾聽他們的介紹，而這是因為他們在介紹產品時運用了以下方法：

1．建立客戶對產品的期待心理

一位成功的業務員曾經說：「在得到客戶的信任之後，我會將自己當成是一個外科醫生，告訴客戶我需要診斷他目前的狀況，然後會幫他開一些處方。並且讓他知道，如果我的處方能夠符合他的現狀和經濟需求，那很好。如果不能，我就會離開。」毫無疑問，類似這樣的用語往往能讓客戶對產品產生一定的期待，想看看產品到底可以為自己帶來什麼好處，於是也就會更願意聽業務員介紹產品。所以，想要讓客戶耐下心來聽你做產品介紹，就要在介紹之前為客戶做一個類似的陳述，讓客戶對你的產品充滿期待。如果能再給客戶製造一些疑惑，那麼效果更好，就能讓客戶對你的介紹抱以更大的期待。

2．讓你的產品吸引客戶目光

客戶對產品不感興趣，是因為他們覺得產品特色不夠吸引他們，或是產品本身根本沒有值得他們注意的地方。而不能讓產品持續地吸引客戶的目光，證明業務員介紹的方式不夠精彩。例如，一個安全玻璃業務員，用口頭介紹的方式告訴客戶他的玻璃有多堅固，通常是難以引起客戶共鳴的，但是如果將一小塊安全玻璃和一把小錘子交給客戶，讓客戶自己實驗看看，就能大大體驗到產品的真正優點，也能增加產品在客戶心中的印象，說服力也就更強、更直接。

3．站在客戶的角度介紹

介紹產品不僅是客戶獲得產品資訊的主要來源，同時也是雙方建立感情的過程。情感因素在到達最終成交前扮演著非常重要的角色，如果一個業務員總是能站在客戶的角度上來介紹產品，客戶就會對產品的優點有著更深的體會和認識，即便產品的某些特色不夠吸引人，也會因為有了人情味而被客戶注意或是詢問。這樣一來，就會讓客戶感覺到業務員不是只是單純地推銷產品，而是真的在為他著想。

4．向客戶顯露價值的冰山一角

對於可以為自己帶來利益的產品，客戶往往都會產生興趣，所以向客戶說明產品能夠幫他帶來什麼好處非常重要，利益和好處就像一個誘餌，讓客戶想獲得更多的資訊。所以，在介紹產品時，要在一開始就向客戶提出一個具有刺激性的問題，告訴客戶我們的產品會為他帶來什麼樣的利益，讓客戶看到冰山一角，此時，客戶一定會對你的產品產生興趣，而願意繼續聽你介紹下去。

你可以這樣做！

業務員：「現在為您介紹的這款人體工學枕頭帶有著淡雅清香，採用了最新科技設計而成，對您的睡眠品質有非常大的幫助的。」

選擇一

客戶：「你不用再介紹了，我對這個不感興趣。」

業務員：「您不想知道一個長期失眠的人是如何在短短兩週內睡眠品質大幅提高的嗎？」

選擇二

客戶：「我多運動就可以了，運動的效果比這個還要好。」

業務員：「的確是，運動健身最健康，但是像您這樣整天忙碌工作，需要長時間待辦公室的人，多數時間都坐在電腦前，很少有時間能去運動啊，如果您用這款人體工學枕頭，不僅對您的頸椎沒有負擔，還能改善您的睡眠品質，讓您有更飽足的精神來應付工作。」

選擇三

客戶：「還是過一段時間再說吧。」

業務員：「沒關係，不過我想教您一個對保護頸椎非常有效的小偏方，您有興趣嗎？」

scene 13 邀請客戶試用，客戶稱不需要

情景說明

在對客戶做了較為詳細的產品介紹後，一般業務員都會邀請客戶試用，但並不是每一位客戶都會配合業務員接受試用，有時客戶會以不需要為由拒絕試用產品，這就會讓業務員接下來的工作產生阻礙，如果此時業務員還不死心地邀請客戶試用，那麼就容易引起客戶的反感，讓銷售提前結束。那麼遇到這種情況時應該如何做呢？

銷售現場

業務員：「小姐，我們公司的保健食品都是天然草本提煉，無添加色素，不僅可以抗老化、增強人體免疫力，而且本身口感也非常好，這是我們一款草本茶的試用包，您可以喝喝看。」

客戶：「不用了，我從來不吃保健食品，那些對身體都有副作用。」

（或者：別拿了，我不需要。

算了吧，我喝綠茶就夠了。）

錯誤的應對

❶ 哦，是這樣啊，那好吧。
❷ 您喝喝看吧，這口感真的不錯！
❸ 綠茶和這個來比差太多了，喝我們的草本茶對您腸胃絕對很好的。

問題分析

面對拒絕試用的客戶，有些業務員會不知如何入手，也不知道要怎做才能化解客戶的這種直接拒絕，因此最後不是方法不當傷了和氣，就是半途而廢直接放棄。但是，那些有經驗的業務員，在一開始向客戶介紹產品時就能抓住對方心理，讓對方欣然接受試用，即使出現客戶拒絕試用的情況，也能靈活應對：

1・分析客戶心理

想要軟化客戶的拒絕，就要找到客戶拒絕的原因，透過對客戶細心的觀察，業務員可以獲得很多有效資訊。客戶拒絕使用產品，有可能是因為產品本身不適合他，或者是認為產品價格太高，試了也不會購買，還有可能是他根本沒有興趣。然而不論他的想法是什麼，在他拒絕試用產品的當下，他的內心想法都會從行為舉止間洩露出來。所以，這時就要認真觀察，如果客戶總是心不在焉，也許就是對產品沒有太大興趣；如果客戶眼睛盯著產品，卻口口聲聲說不需要，那麼就有可能是嫌產品價格高，企圖用拖延的方式希望業務員降價；如果客戶表現出不耐煩，也許是對產品有著主觀偏見，或是遇到了不開心的事。根據客戶心理的不同，就需要做出不同的解決方案。

2．消除客戶的顧慮

有時客戶拒絕試用產品有這方面的原因：客戶覺得自己並不想買，也就沒有必要試用，即便是對產品感興趣，試用之後不買就離開也覺得對業務員不好意思。所以，業務員要認真觀察客戶，如果客戶真的這麼想，業務員首先就要消除客戶的顧慮。例如，業務員可以這樣說：

✦ 小姐，這是我們公司新推出的產品，您可以體驗一下，不買沒有關係。

✦ 先生，既然有興趣就來試試看吧，不買也沒關係！

3．適當地向客戶提問

如果透過觀察無法確定客戶拒絕試用的原因，那你就不能再暗自揣測下去，而是要透過適當的提問來瞭解客戶的內心想法。就像醫生診斷病人病情，如果醫生不能透過簡單的問診、把脈、觀察來找到病人的癥結所在，就必須要透過進一步具體詢問來瞭解，否則就無法開出適合病人的藥方。但在向客戶提問時，業務員也特別需要注意用詞的婉轉性，儘量不要過於直接，也不要過於離題，例如：

✦ 不要直接問：「您為什麼不試用看看呢？」，而是有選擇性的向客戶提問：「您是不是有什麼擔心的地方呢？」

✦ 不要直接說：「您不試看看怎麼能知道產品好不好呢。」，而是委婉地說：「先生，其實我幫您介紹的都是為您特別挑選過了，您可以親自體驗看看，這樣就能夠直接感受到產品的舒適度了。」

這樣委婉的提問，不僅能得到客戶有針對性的回答，還能讓客戶聽來很舒服。

4・向客戶說明其他人試用的效果

這也是一種非常有效的方法。如果客戶聽到很多客戶在使用產品之後都反應良好，那麼他通常也會試用看看，這是一種人們的從眾心理。在向客戶介紹相關情況時，業務員最好不要空口胡說，而是要拿出事實來證明，例如其他客戶的回饋單、訪談資料，最好詳盡到客戶的年齡、個人基本情況、試用感受等，否則就很難讓客戶信服。

總之，客戶不願試用產品的原因絕對不止一種，業務員只要能夠準確地針對客戶心理來應對，大多可以將他們的強硬拒絕解套。如果客戶仍然堅持不試用，業務員也不要過於強求，免得讓客戶厭煩。

你可以這樣做！

業務員：「小姐，我們公司的保健食品都是天然草本提煉，無添加色素，不僅可以抗老化、增強人體免疫力，而且本身口感也非常好，這是我們一款草本茶的試用包，您可以喝喝看。」

選擇一

客戶：「不用了，我從來不吃保健食品，那些對身體都有副作用。」

業務員：「的確是，保健食品不能隨便吃，您有很好的保健觀念呢。不過我們的產品都是純天然的，茶包使用方便，吸收效果很好，對您這樣注重身體健康的人來說，最適合不過了。」

選擇二

客戶：「別拿了，我不需要。」

業務員：「試用過我們產品的客戶已經超過了幾千多位，反應非常好喔，您看這些試用過的客戶回饋單，後來都成了我們的老客戶。您試飲過後，一定會覺得還好您有試用。」

選擇三

客戶：「算了吧，我喝綠茶就夠了。」

業務員：「綠茶對身體也相當好，但是它能發揮的效用比較單一性，我們的產品都是經過研製的，可補充您日常所需的多種營養素。」

scene 14
客戶認可產品優點，卻還是說自己不需要

情景說明

客戶能夠認可產品的優點，這對業務員來說都是值得高興的，因為客戶對產品優勢給予了肯定。但是有時即便客戶認同了產品優點，卻仍然說自己不需要，這就反而讓業務員覺得非常困惑。

其實，很多業務員都忽視了一個重點，那就是：客戶肯定優點的存在，並不一定代表他肯定了產品本身。客戶愛上產品的原因，不單單取決於產品優點，還有價格、服務等因素，所以，業務員想要說服客戶購買，不僅要在產品優點上下功夫，還要讓客戶認可產品能帶給他的其他附加好處。

銷售現場

業務員：「這款印表機解析度高，最大的特色就是列印清晰，您可以列印各種紙質和圖片，絕對不用擔心有模糊的現象。」

客戶：「列印效果的確是比一般的印表機好，不過我還不需要。」

（或者：也是，沒想到它列印出來的這麼清楚，但是目前我還不太需要，而且印表機速度快其實才是最重要的。

清晰倒是真的，但是對我來說好像沒什麼特別需要。）

錯誤的應對

❶ 一般人會選擇普通印表機，想要更講究視覺效果就必須用更清晰的印表機才行啊。

❷ 是這樣啊，那好吧，如果您有需要再聯絡我。

❸ 怎麼能說沒有用呢？誰不喜歡看清晰的照片，不是嗎？

問題分析

客戶認可產品優點，卻說自己不需要，這其中的原因很多，例如：客戶的確沒有產品需求；或覺得產品價格高；或是產品的優點並不是客戶所需要的等等。業務員遇到這種情況，首先找出原因，如果的確是客戶沒有產品需求，那麼就要另尋其他客戶，如果只是客戶個人原因，那麼業務員就要想辦法說服客戶，讓他接受你的產品。

1．用對比的方式證明產品優點的不可替代性

既然產品優點已經引起了客戶的注意，並被他所認可，那麼不妨就再擴大產品優點的影響力，讓客戶因優點而震驚，讓客戶產生這個優點是其他產品無法替代且無法超越的感覺。例如你是一個洗潔精業務員，你的產品有去污快、無泡沫的特色，你就可以找來普通洗潔劑和你的產品做比較，同時清洗一個沾滿油垢的容器，透過對比來凸顯產品的優點。這樣一來，客戶就會被產品的優點所折服，而對產品本身產生更多的好感。

2·淡化那些產品滿足不了的客戶需求

世界上任何一樣東西都不會十全十美的，總會有著因人而異的小缺點，但正因為每件事物都有屬於自己的優點，所以缺點總會被不同程度的淡化掉。同樣，產品也如此。在介紹產品時，業務員也可以用這個方法，一件產品的優點通常不只一處，將產品的幾項優點相加，往往能無形中淡化產品不能滿足客戶需求的地方。所以，業務員應盡可能地多向客戶說明產品各項優點，讓客戶感覺到雖然產品不是自己最需要的，但是仍然對自己很有用。

3·在客戶與產品之間建立連結點

客戶承認產品優點，卻仍然說自己不需要，那是因為客戶對產品的優勢沒有需求。想要讓客戶透過優點愛上產品，就要努力將產品的優點和客戶的需求連結起來。也就是說，創造客戶需求，例如你是一個化妝品業務員，你的產品保濕效果非常好，但是客戶卻對此不在意，反而是有一些你的產品滿足不了的需求，例如美白。那麼你就可以告訴客戶保濕對她的重要性，並舉例如果保濕不完善，之後會給美白帶來什麼影響，在客戶心中深化不注重保濕的嚴重性，而使她產生需要保濕護膚的需求。類似這樣利用產品優勢在客戶與產品之間建立連結點，就能讓客戶對你的產品產生興趣。

你可以這樣做！

業務員：「這款印表機解析度高，最大的特色就是列印清晰，您可以列印各種紙質和圖片，絕對不用擔心有模糊的現象。」

選擇一

客戶：「列印效果的確是比一般的印表機好，不過我還不需要。」

業務員：「沒關係，不過我想您可以看看我帶來的一些圖片呢。」

選擇二

客戶：「也是，沒想到它列印出來的這麼清楚，但是目前我還不太需要，而且印表機速度快才是最重要的。」

業務員：「是啊，速度快能提高效率。不過如果印表機只是速度快，但是列印效果很差，那也是很難提高效率的啊。我們這款印表機雖然速度稱不上最快的，但也有達到一般市面上印表機的處理速度，而且我們的解析度高，列印效果比一般印表機更清晰，印出來色彩鮮豔，無油墨殘留，完全可以跟照片品質媲美。」

選擇三

客戶：「清晰倒是真的，但是對我來說好像沒什麼特別用處。」

業務員：「對，可能您在工作或生活中不需要這樣高解析度的印表機，但是如果您剛好需要製作一份精細數據的報告書，但是因為解析度不夠高，造成內容細部上的模糊而被誤解，就會在之後程序也出現錯誤，那可真的就是得不償失了。」

scene 15 客戶詢問產品相關問題，自己一時無法回答

情景說明

面對客戶提出的產品相關問題，自己卻一時答不出來，這通常會讓業務員覺得非常尷尬。不能回答客戶的問題，一方面會讓客戶覺得自己不夠專業，使對方對於自己其他問題的解答開始產生懷疑，另一方面也會讓產品介紹被迫中斷。

其實，面對這樣的狀況，業務員不用這樣苦惱，因為任何人都不是萬事通，難免都會有知識不足的領域。如果真的發生客戶提問無法回答的情況，業務員也不要緊張，只要使用正確的方法應對，就能避免尷尬的產生。

銷售現場

業務員：「這款MP3贈送的耳機很特別，可以讓您感受到如現場LIVE般的高臨場感和重低音音效，只要您戴上它聽音樂，就能隨時隨地再現演唱會時的超強震撼。」

客戶：「這是什麼原理？為什麼可以有這樣的效果？」

（或者：我曾經聽說過一種叫做動態驅動式的掛耳型耳機，是不是就是你說的這種？）

錯誤的應對

❶ 啊？這……這，其實就是，那個……

❷ 嗯……對，可能就是我說的這種耳機，因為現在MP3很少有使用這種耳機的，所以您聽到的可能是我們相關的產品。

問題分析

這種情況通常會出現在新手業務員的銷售場景之中，由於對產品不夠熟悉，再加上緊張，就很可能將自己本來準備好的資訊忘得一乾二淨。其實，遇到這種情況，只要記得先冷靜下來，那麼就可以從以下幾點來解決：

1．保持心態穩定

在自己回答不了客戶提出的問題時，一些業務員會表現得更加緊張，說話結結巴巴，或無法順利溝通，這往往會讓銷售工作結束地更快，因為沒有哪個客戶會想跟一個說話不清的業務員提問。所以，如果遇到這樣的情況，無論是一時想不起如何回答，還是真的不知道，都要先保持穩定的狀態，打起精神，自信地面對客戶。不要因為不能解答客戶的問題而感到過分的自責和慚愧，如果不自覺又變得緊張起來，那麼請儘量保持微笑，這樣可以幫助你較快脫離緊張情緒。

2．對客戶實事求是

有些業務員為了想讓客戶留下知識淵博的好印象，會做一些錯誤的解答，對於一些瞭解專業領域的客戶，業務員這樣做無非是在「搬石頭砸自己的腳。」很容易導致客戶流失。即便是對於那些對產品知識不太瞭解的客戶，這樣的做法也不可取，因為真誠地對待客戶，是每一個業務員都應該具備的基本素質。如果覺得自己知道問題的答案，但是卻一時無法完整且有系統地向客戶說明，那麼就可以直接對客戶表明：「抱歉，這個問題涉及的方面比較多，您能否給我幾分鐘的時間，讓我整理一下怎麼向你解說會比較清楚，然後再給您一個準確的回答？」一般情況下，這種禮貌的請求都會得到客戶的同意。

3·轉移話題

對於那些自己知道，但是一時想不起來怎麼解答的問題，你可以先用帶過去的方式將這些問題先忽略，接著說一些可以讓客戶感興趣的話題，或是給客戶看一些產品宣傳冊或認證資料等等。在這期間，你就可以在腦中整理一下答案，然後等客戶再問到這個問題的時候，再完整而有順序地回答，或是你再將話題轉到相關的問題上，說出你的答案。

4·求助於專業人員解決客戶疑問

如果發現自己真的無法解答客戶的問題，也不要著急，你可以大方地在客戶面前打電話給知道答案的人，然後將結果告訴客戶，這樣做既是對客戶負責，也是對你自己負責。如果暫時聯絡不上專業人員，可以誠懇地向客戶道歉，然後讓他知道：這個問題你暫時回答不了他，你需要回去請教專業技術人員，並承諾會在清楚瞭解答案之後即時通知客戶。這樣會讓客戶覺得你很重視他，也可能不會再把這個問題當作談話重點。

其實，就算是那些經驗豐富的業務員也可能會遇到這樣的情況，所以對此盡量不要緊張，只要能正確運用以上的這些方法，多數情況下都能很快地化解這種尷尬。

業務員：「這款MP3贈送的耳機很特別，可以讓您感受到如現場LIVE般的高臨場感和重低音音效，只要您戴上它聽音樂，就能隨時隨地再現演唱會現場的超強震撼。」

選擇一

客戶：「對了，這種耳機叫什麼？我前幾天好像還看過有關這個的報導。」

業務員：「不知道您是哪裡看到的呢？其實我們的產品比較少做廣告，基本上都是採用這種一對一的銷售模式……我們的耳機叫動態驅動式掛耳型耳機，一般市面上比較沒有在販賣。」

選擇二

客戶：「這是什麼原理？為什麼可以有這樣的效果？」

業務員：「它運用了一種高科技原理，真是不好意思，這種耳機的原理我還不是特別清楚，不過我可以肯定，這款耳機的設計絕對是考慮到我們一般戴耳機的習慣和人類耳朵的構造。這個我可以幫您問問我們公司的專業技術人員，不過他們現在不在，等他回來之後，我會馬上向您說明，這樣好嗎？」

選擇三

客戶：「我曾經聽說過一種叫做動態驅動式的掛耳型耳機，是不是就是你說的這種？」

業務員：「是的，就是我們這一季的新產品。您先看看我們的耳機，掛耳部分非常柔軟，如果您需要更詳細的資料，可以參考我們公司的產品介紹DM。」

客戶對產品滿意，但要跟家人商量

客戶對產品表示很滿意，但還是說要和家人再商量，這種情況業務員在銷售過程中經常能遇到。客戶做出這種表示，基本上有兩種可能，一種是客戶真的拿不定主意，想和家人再商量一下；另一種說要與家人商量只是一種藉口，客戶正處在不想購買，但又不好意思直接拒絕業務員的情況。

仔細分析的話，這種客戶的性格通常較為沒有主見，做事猶豫不決，容易受到外界環境的影響。所以，遇到這種客戶，業務員一定不要輕易地讓他離開，反而是要抓住其猶豫不決的性格特點，儘量說服他購買。

銷售現場

業務員：「小姐您好，我們公司的鈣片跟一般藥房所賣的鈣片很不一樣，它的吸收率非常好，每天一粒就能達到人體最低的補鈣需求，而且價格也不貴，現在我們還做促銷，買二送一，怎麼樣呢，您帶兩盒吧？」

客戶：「聽你介紹感覺還不錯，不過……我還是和家人商量一下吧，萬一買了他們不吃怎麼辦？」

（或者：好像還不錯，可是像這種東西以前都不是我買的，我還是和家人商量一下再說吧。）

錯誤的應對

❶ 這樣的事情還要問家人啊，自己決定就行了。

❷ 不用商量了，這麼划算的產品別的地方沒有了。

問題分析

客戶對產品滿意，卻執意要和家人商量之後再做決定，這種情況無論是菜鳥業務，或是老鳥業務都會遇到，但是他們處理的方法卻截然不同。很多菜鳥業務，聽到客戶這樣說之後就覺得沒有什麼好說的了，因此銷售失敗也是必然的結果。然而經驗豐富的業務員，總能透過技巧來說服客戶購買：

1·幫助客戶做決定

正如我們前文所說，這樣的客戶做事通常會猶豫不決，所以可以在決策上給予一些幫助，幫他解決擔心的事情，甚至幫他做出決定。

當然，在幫助客戶做決定之前，你一定要透過溝通來深入瞭解他的想法，例如你可以說：「小姐，您看起來對我們的產品已經是比較瞭解了，如果還想再考慮，是不是您還有什麼疑慮呢？」有時客戶可能很難清楚地說出自己到底還擔心什麼，所以，必須仔細傾聽，盡可能地找出問題點。然後告訴客戶：「如果您的這些問題我們都能去解決，您是否會想購買呢？」如果客戶依然不能做出決定，那麼就針對客戶問題逐次解決，如果你的回答能讓他滿意，那麼客戶一般都會做出成交決定。

2．使用緩兵之計

如果客戶是有困難而不能立刻做出成交決定，那麼你最好不要催促他，而是要給他一定的時間思考，否則很容易讓客戶反感。不過在客戶考慮時，也最好不要離客戶太遠，要做好隨時為客戶服務的準備。

3．增加客戶的急迫感

這是業務員經常用到的一種方法。不論你的客戶是真的一時決定不了，還是不想購買產品，使用這種方法都很適用。例如說：「我們這裡現在的款式就只剩下這最後一批了，下次什麼時候還能再進貨就不確定了。」或者是「這種產品現在都在缺貨，因為我們公司已經停止生產，這邊賣完就沒有了。」聽了這些話，那些決定不了的客戶就可能會很快地做出成交決定。而如果你的客戶明顯是在搪塞你，那麼就可以用利益來吸引他，例如：「您如果過幾天再買，就可能買不到現在這種價格了。」或者是「我們的產品正在特價，明天就不是這個價錢了。」給客戶一種機不可失的心理暗示，往往能夠更快促使客戶做出購買決定。

4．改天拜訪

如果對客戶的擔心都做了逐步的解釋之後，客戶仍然表示要和家人商量，那麼最好不要再繼續催促他做出決定，否則很可能會令他覺得不快。但你可以試著禮貌地對他說：「那麼，方便留下您的聯絡方式嗎？這樣往後我也能為您繼續提供最新資訊。」拿到客戶的聯絡方式之後，記得一定要在適當的時間內再打電話諮詢。

你可以這樣做!

業務員：「小姐您好，我們公司的鈣片跟一般藥房所賣的鈣片很不一樣，它的吸收率非常好，每天一粒就能達到人體最低的補鈣需求，而且價格也不貴，現在我們還做促銷，買二送一，怎麼樣呢，您帶兩盒吧？」

選擇一

客戶：「聽你介紹感覺還不錯，不過……我還是和家人商量一下吧，萬一買了他們不吃怎麼辦？」

業務員：「其實這是無論哪種年齡的人都需要的，尤其是女性朋友，更需要及時補充鈣質。我們這款產品非常受歡迎，留著自己吃有益於家人的健康，還可以當禮品送給親戚朋友，您看這包裝和品質都非常的有質感。」

選擇二

客戶：「好像還不錯，可是像這種東西以前都不是我買的，我還是和家人商量一下再說吧。」

業務員：「這樣啊，那好吧，這是我們產品的說明書，如果您需要可以隨時打電話來。不過，我們現在正好是活動期間，買二送一，您要不要先買兩盒回家，機會難得喔。」

客戶對產品滿意，但是卻說「最近沒有錢」

情景說明

客戶對產品表示滿意，但是卻說自己沒有錢，對於這樣的情況，也是很多業務員都經常遇到的理由之一。客戶做出這樣的表示，原因也有很多種。也許客戶只是以此為藉口，並不想真的購買產品，也有可能是為了降低價格，故意說自己沒錢。總之，如果遇到這種情況，業務員不能一概而論，而是要針對不同的原因，採取適當的辦法來處理。

銷售現場

業務員：「小姐您好，剛才介紹的這款保養品可以減緩老化，是我們這幾個月銷售排行榜上的冠軍喔。」

客戶：「好像不錯，不過我現在沒有買保養品的預算。」

（或者：嗯，感覺是不錯的，不過我現在沒有那麼多的錢。看起來很有效，但是我最近沒有錢，沒辦法買。）

錯誤的應對

❶ 但是您要看它的使用效果啊，這麼好的化妝品，您如果不買

真的很可惜啊。
❷ 怎麼會呢？這個並不貴呀。是您不喜歡嗎？
❸ 是這樣啊，那好吧，如果您有需要再來吧。

 問題分析

業務員不由分說地催促客戶購買，是很難銷售成功的，過於直接地向客戶詢問，也不合適，如果直接放棄，那更不可取。那麼業務員遇到這種情況時該如何解決呢？

1．前瞻法

客戶購買產品時總會考慮利益，如果某個產品能夠使他獲得期待中或是額外的好處，那麼他一定不會願意錯失這個產品，即便是客戶真的沒有足夠的資金，也會被這樣的誘惑所吸引而想出解決辦法。所以，要盡可能地將產品能夠帶給客戶怎樣的利益說明清楚給他聽，並強調和其他的產品相比，選用你的產品有什麼更好的優勢以催促他做出預算。

例如：「先生，我知道預算對一個公司來說非常重要，但是同樣地也需要講究靈活，我們的產品能夠為您帶來非常大的利潤，我想您不會為了這個限制而去放棄這麼大的利潤，不是嗎？」以這樣直接的方式向客戶表明利益好處，客戶一般都會難以招架。

2．攻心法

除了利益引誘，情感因素也是一種可以讓產品獲得客戶青睞的好方法。如果購買或使用產品可以給自己或自己的親朋好友帶來快樂和好處，或是能讓上司對自己另眼相看，那麼在客戶的眼中，產品就有了濃

厚的感情色彩，就會對產品更加喜愛。所以，在必要時，你可以用這種「煽情」的方式來增加客戶對你的產品的關注度。

例如：「先生，這種血壓計操作簡單，而且數字大又清晰，老人家可以看得清楚，如果送給您的母親，她一定會非常高興，即使您外出工作不在她身邊，老人家也會因為有這台血壓計而覺得安心的。」

3．對客戶的購買能力表示信任

如果一個人被別人評價有更好的能力，更聰明的頭腦，或是更美的容貌，那麼他往往不會讓別人失望，而且別人越是這樣說，他就越是會實現別人的話，即便他真的沒有那樣的能力，他也會朝著那個方向努力，這是人們的一種普遍心態。同樣，在銷售關係中也是如此，如果你一直表現出對客戶的購買能力很信任，例如：「您給我的第一印象非常好，想必您一定很少令人失望。那麼，請您在這張單子上簽上您的大名吧！」當你這樣給予客戶很高的信任及評價時，他往往真的不會令你失望。但是需要注意的是，這種方法不適用於那些以沒錢當做殺價藉口的客戶。

4．幫助客戶解決「沒錢」的問題

錢變不出來可以湊出來，只要客戶想買產品，即便是錢不夠也沒關係。所以，如果能確定客戶是真的喜歡產品，而又沒有足夠的錢來購買時，那麼就可以向他提議一些分期付款或優惠方案，替他想一些辦法。例如，使用分期付款、貸款、延期付款等方法。這樣既能解決客戶沒錢的問題，也會讓客戶覺得你在幫他想辦法，而對你增加好感。不過需要注意的是，有些客戶可能真的很難拿出資金來購買，那麼最好不要再想辦法要求他，雖然沒有做成生意，但是客戶也已經記住了你和你的產品，或許在他有足夠能力時，會先想起你，而你的所有努力都不會白做，所以你也必須記得，千萬不能因客戶的拒絕就收起笑臉走人，否則就會失去這個將來的潛在客戶。

5．找到客戶有錢的跡象

如果斷定客戶的沒錢只是一種藉口，那麼你就可以運用觀察能力，從客戶身上找到能證明客戶有錢的跡象。例如你可以稱讚客戶的戒指精美，然後再藉機問戒指的價格，如果他很驕傲地表示戒指很貴，那就再好不過了，這恰好證明客戶並非缺錢。接著你就能夠稱讚客戶的品味，然後將產品與此做連結，那麼客戶就會因為自尊心的關係而能很快做出購買決定。

你可以這樣做！

業務員：「小姐您好，剛才介紹的這款保養品可以減緩老化，是我們這幾個月銷售排行榜上的冠軍喔。」

選擇一

客戶：「好像不錯，不過我現在沒有買保養品的預算。」
業務員：「哦，您的項鍊非常漂亮，一定價值不菲吧，您真是有品味啊。我們的保養品就是以您這樣的女性作為主消費群的，它的包裝相當有質感。」

選擇二

客戶：「嗯，感覺不錯，不過我現在沒有那麼多的錢。」
業務員：「不過小姐，歲月不等人呢，防止老化就是要從像您這樣年輕的時候開始啊，如果您現在開始使用，幾年後就會比那些不使用的人年輕很多，到時候，您一定就會高興自己做了這樣正確的決定的。」

選擇三

客戶：「看起來不錯，但是我最近沒有錢，沒這筆預算。」

業務員：「沒關係，我看您真的很喜歡，這也非常適合您，如果您喜歡我們的產品可以採取分期付款，能夠幫助您解決這方面的問題。」

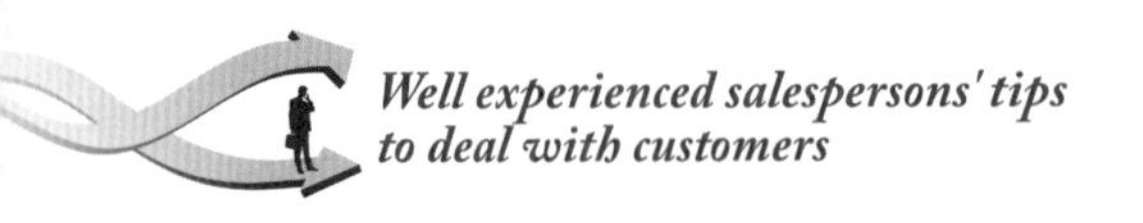

scene 18 已經簽了合約，卻要毀約

情景說明

客戶簽訂了合約之後又要毀約，這的確是一個讓人頭痛的問題，但是這種情況又經常在實際銷售中發生，對此，多數業務員都會覺得十分棘手，而與客戶展開爭論，甚至不惜撕破臉，使雙方關係惡化，甚至到了對簿公堂，這樣的結局只會讓雙方都損失嚴重。其實任何事情都有和平解決的辦法，業務員只要掌握一些有效方法，就能夠避免爭論的發生，甚至能使合約繼續生效。

銷售現場

業務員：「先生，兩天前我們已經簽過合約了，請問我們什麼時候送貨比較合適？」

客戶：「別送了，我們認為這次的銷售合約對我們來說不太公平。」

（或者：我們又調查了一下，對你們的品質不是很放心，不要送貨了。

這批貨我們暫時先不訂了，是否能把訂金先還給我們？）

錯誤的應對

❶ 怎麼會不公平呢？這是我們雙方當時協議好的呀，而且合約都已經簽了，你們反悔是要負賠償責任的。
❷ 怎麼會呢？我們的產品您當時都看過了，是絕對沒有問題的，為了這次的交易我們浪費了這麼多時間和精力，怎麼可以這樣說變就變呢？
❸ 你們想毀約，還想拿回訂金，這怎麼可能，不是我們繼續這筆生意，就是你們要賠償我們公司的損失。

問題分析

客戶毀約當然是每一位業務員都不想看到的，但是如果業務員遇到這種情況就直接談到賠償問題，不免有些欠缺縝密的考慮。因為客戶毀約的原因有很多種，業務員在銷售中要根據實際情況來靈活處理，全面考慮問題所在，儘量避免與客戶爭論，以最大的限度來挽回合約。那麼，如果發生了這種情況，到底應該如何處理呢？

1・詢問客戶毀約的原因

想從根本上解決問題，就必須先找到事件發生的原因。一般情況下，客戶在簽訂合約之後毀約，多半是有充分的理由，也許是找到了品質相同但是價格比你更低的產品，也許是別人為他提供了更優越的服務專案，又或者是別人的產品比你品質更好。總之，在遇到這種情況時，業務員首先要做的就是詢問客戶毀約的原因，而不是直接回絕客戶不能毀約，更不能立刻責備客戶。

2・請他人協助解決

在問清楚原因之後，就要根據情況來找適合的解決方案。一般情況下，業務員要盡力透過向客戶重申合約規定的方式來說服客戶改變毀約想法。因為在合約上都明文規定了雙方違約所需要負的責任。但是，如果業務員與客戶所簽的合約涉及金額較大，而且客戶非常固執，並堅持毀約，那麼業務員可請部門經理幫忙想辦法，與自己一起解決。如果公司已經對此產品投入生產，才發生相關糾紛，也不排除用法律途徑解決這種情況。

3・必要時與客戶商量解決辦法

如果透過瞭解發現客戶毀約只是受一些客觀因素的影響，而並非是客戶主觀想要毀約，那麼就要根據實際情況靈活變通。例如客戶因為資金不足而不得已毀約，如果條件准許，你可以讓其改做為分期付款，或是先交一部分訂金；如果客戶因為意外事故而不得不終止合約，那麼也要根據情況酌情處理；如果是老客戶，並且一直與公司保持著良好關係，那麼可以向相關單位申請是否可等對方問題解決之後再履行合約。

4・有時不要太過依賴合約

雖然合約即代表成交，但是簽訂了合約之後，成交並不一定就可以得到保障。如果為了實現合約而鬧得雙方不愉快甚至成為敵方，就非常不值得了，更何況有些不講誠信的客戶從不擔心毀約之後所造成的信譽影響；所以業務員不要過分依賴合約。如果事件過於複雜，牽扯的方面太多，那麼不如就放下，畢竟客戶不只他一個，為什麼要把那麼多的時間都浪費在他身上呢？

你可以這樣做！

業務員：「先生，兩天前我們已經簽過合約了，請問我們什麼時候送貨比較合適？」

選擇一

客戶：「別送了，我們認為這次的銷售合約對我們來說不太公平。」

業務員：「是嗎？請問您覺得哪裡不公平呢？如果您的意見合理我們會願意再商量一個大家都滿意的解決方案。」

選擇二

客戶：「我們又調查了一下，對你們的品質不是很安心，不要送貨了。」

業務員：「怎麼會有這樣的事情呢？您也許是對我們的產品有了誤解吧？因為之前您一直很滿意呀！是什麼原因讓你們改變心意的呢？」

選擇三

客戶：「這批貨我們暫時先不訂了，是否能把訂金先還給我們？」

業務員：「能告訴我為什麼嗎？發生了什麼事情呢？針對這件事我們能夠好好談談，找出解決方案，因為我們雙方一直都是合作愉快的呀！」

讓客戶盡情說出拒絕的理由

情景說明

對業務員來說，在銷售時遭到客戶拒絕是一件再平常不過的事了。但是在現實中，仍然有很多業務員會因為客戶的拒絕而備受打擊，這是業務員不成熟的表現。

「推銷是從拒絕開始的。」換個角度來看，客戶對產品發表意見，恰巧證明產品已經引起了他的注意，如果客戶對產品不表態，也沒有感覺，那才是最難纏的。所以，業務員在碰到客戶的拒絕時不要悲觀，因為在客戶所陳述的拒絕理由之中，往往顯露出更多代表他們想法的資訊，而這些資訊也正是銷售成功不可缺少的因素。

銷售現場

業務員：「先生，這種跑步機採用了現在的最新科技，附有里程表和體能消耗的計數功能，能夠用數字告知、並準確地記錄您的運動情況。像您這樣繁忙的上班族，擁有這樣的一台跑步機就能夠讓您每天精神煥發，精力充沛。」

客戶：「我不需要這樣的跑步機，我一直都很忙。」

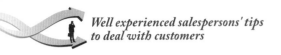

（或者：跑步機我家已經有了，不需要了。
這種跑步機的體積太大，很笨重，放在哪裡都佔位置，而且運動起來還容易撞傷，我最不喜歡這樣的跑步機了。）

錯誤的應對

❶ 怎麼會不需要呢？再忙也要鍛練身體呀。
❷ 哦，這樣子啊，那好吧，再見。
❸ 您怎麼能這樣說呢？我們的跑步機雖然看起來大了一些，但是其實材質很輕，有很多客戶都很喜歡呢。

問題分析

在客戶對產品表示拒絕、不喜歡時，有些業務員就會認為客戶打從心底不想購買產品，而表現得緊張、焦躁，導致他們的銷售工作更加快速結束。這是因為他們在處理客戶拒絕時使用了不恰當的方法，我們必須懂得根據情況來採取正確的處理方法：

1・不要輕易放棄

客戶對業務員推銷的產品表示拒絕，有些時候並非出自真心，而是一種習慣，或是為了達成某些目的或驗證事實真相才一開始就表示拒絕。例如：希望透過拒絕產品來得到優惠；透過拒絕的方式來確認產品是不是真的那麼好；透過拒絕來體會一下當「客人」的滋味。所以如果遭到客戶的拒絕，千萬不要輕易放棄，而是要認真觀察客戶，根據他的話語來分析他在想什麼，判斷他的拒絕到底出自於什麼目的，然後再採取相應的辦法加以解決。

2．巧妙處理客觀意見的拒絕

有些客戶對產品表示拒絕，是出自於理智、冷靜的思考，他們也許對產品行業有著很深的瞭解，或是購買目的單純，只是在考慮產品的性能或其他用途的影響，因此他們能說出一些有理有據的拒絕原因。不同於其他拒絕，對於這類的拒絕業務員往往能夠靠著逐次的清楚解答來化解。面對這樣的客戶，業務員要從他提到的問題出發，如果是正確的就實事求是地承認客戶提出的理由，並對客戶提出意見表示感謝，然後利用產品優勢來吸引客戶，以此淡化他對產品的不滿。

例如：「非常感謝您對我們的產品提出這麼好的意見，這的確是它的不足。您還真是這方面的行家啊，我們會重視的您的意見的。不過，您是否有注意到我們的產品在使用效果上其實……」

3．找到拒絕藉口背後的真相

有時客戶提出的拒絕只是一種藉口，他所提出的拒絕理由中並不包含他的真實想法。例如客戶想要以更低的價錢買到產品，他就也許會以「產品樣式太老氣」等原因拒絕。想要打破這種障礙，就必須找到客戶拒絕的真正原因，但是客戶往往不會主動說出來，這就需要對客戶的語意仔細推敲，並輔以適當的詢問。詢問時不能單刀直入地逼迫客戶說出理由，而是要婉轉地向客戶提問，使用一些較軟性的迂迴戰術。

例如：「我十分瞭解您的想法，不過您是不是有一些其他方面的問題呢？像是喜好或是價格……」

4．消除自然防範引發的拒絕

對產品或業務員不信任，或在溝通中處於下風時，客戶也會表現出這種態度，通常這時客戶往往會因為擔心自己處於不利的地位或是得不到想要的結果而直接拒絕，這多是客戶自然防範的表現。對於這樣的客戶，首先需要做的是消除他們的敵意，舒緩他們的緊張情緒，進而得到對方的信任。在與這些客戶交流時，需要儘量使用溫和婉轉的語調，要特別注意自己的說話節奏和言行舉止，盡可能地給客戶製造一個輕鬆、愉快的環境。如果能拿出一些可以證明產品的權威認證或是證明文件，那麼效果會更顯著。

5．對主觀意見的拒絕要有耐心

有些客戶對產品的拒絕，往往摻入了非常強烈的個人主觀色彩。這些拒絕的原因可能源自於客戶本身的喜好、心情的好壞等等，例如：我不喜歡這種款式，這種材質看起來質感不太好，這種顏色看起來就很沉悶等等。因為客戶的拒絕大多與產品本身沒有什麼關聯，幾乎所有的原因都是客戶的主觀感受。所以，當客戶這樣拒絕時，最好不要反駁他的想法，而是要耐心地聽他把話說完，不對他的意見做實際的回覆，等他說完之後再繼續介紹，也就是說不需要過於在意客戶說了什麼。如果有必要，你可以使用一些較為幽默的回應，用一種迂迴的方式提醒客戶：你的拒絕幾乎沒有什麼實際作用。這樣既能營造輕鬆的銷售氣氛，也能表現你的寬容大度，也許客戶就不會再繼續說一些沒有實際幫助的理由了。

總之，客戶拒絕的原因非常多樣，不論客戶的拒絕屬於哪一種，都應該盡力找到提出拒絕的原因，因為很多時候客戶的拒絕都不意味著產品不能滿足他們的要求，只有根據他們的真實理由來解決問題，才能從根本上消除他們的習慣性拒絕，使其接受產品。

你可以這樣做!

業務員：「先生，這種跑步機採用了現在的最新科技，附有里程表和卡路里消耗的計數功能，能夠用數字告知，並準確地記錄您的運動情況。像您這樣繁忙的上班族，擁有這樣的一台跑步機就能夠讓您每天精神煥發，精力充沛。」

選擇一

客戶：「我不需要這樣的跑步機，我一直都很忙。」

業務員：「沒關係，不過我還是要請教您一下，您覺得這種跑步機有沒有哪些缺點呢？」

選擇二

客戶：「我家已經有跑步機了，不需要了。」

業務員：「是嗎，那您一定常用跑步機來運動了，您方便跟我說您現在用的跑步機是什麼牌子的嗎？」

選擇三

客戶：「這種跑步機的體積太大，很笨重，放在哪裡都佔位置，而且運動起來還容易撞傷，我最不喜歡這樣的跑步機了。」

業務員：「是的，我們的跑步機雖然體積稍微大了一點，不過您搬運起來時卻並不會覺得重，因為它不僅可以折疊，而且它使用的材質很輕，您不用的時候就可以將它折疊收藏起來，非常方便。另外它的步道還是特殊材質製成的，比較有彈性，使用起來非常安全。」

面對一群客戶，如何介紹產品

情景說明

業務工作的銷售模式通常都是一對一，也就是一個業務員對應一個客戶，在這種銷售環境之下，往往可以做到和客戶深入溝通，客戶對產品的認識和瞭解也會更加具體。但是在某些情況下，業務員還有可能同時面對幾個或是更多的客戶進行產品介紹，而與一對一相比，這種介紹產品的環境似乎複雜了一些，對此，有些業務員會覺得茫然，不知道如何做才能讓一群客戶一起喜歡上自己的產品。其實，讓一群客戶同時喜歡上一種產品並非不可能，只要掌握正確、有效的方法，就有可能一次就博得滿堂彩。

銷售現場

業務員：「今天向大家介紹的是一款具有強力去汙作用的洗衣劑，用它洗衣服不僅可以去除各種污漬，還不會傷手、傷衣物，還有亮彩功能。」

客戶：「洗衣劑？效果那麼好嗎？」

其他客戶：「是呀，有洗衣粉好用嗎？」

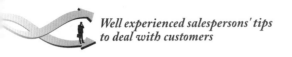

其他客戶：「這個牌子很少聽過呀！」

錯誤的應對

❶ 是呀，非常好用，手洗和洗衣機洗都很適合。（針對眾人回答）
❷ 這裡有產品的詳細介紹，原理在上面都寫的很清楚，大家仔細看看就知道了。

問題分析

與單一客戶溝通時不同，一群客戶是一個多重思想的組合，其中的每個人都有自己對產品的想法和意見。如果業務員還是透過對客戶細小的偏見來進行解答，就顯得不夠靈巧了。那樣不僅浪費精力和時間，還無法全面照顧到全部客戶的需求。那麼，在面對一群客戶時，業務員應該如何介紹自己的產品呢？

1．現場演示

這是業務員在面對一群客戶時經常會使用到的方法。在條件准許的情況下，現場操作給客戶看，往往比口頭介紹更為有效及印象深刻，特別是觀看的客戶有多數個，只花費一些時間就能傳達意思就顯得更值得。

2．讓客戶主動提問

在這種情況下，業務員還是必須保持主導地位，但是留出讓客戶主動提問的時間還是非常重要的。因為作為一個掌控全局的人，單純地去問任何一位客戶的想法，都是對其他客戶的不尊重。你可以這樣讓客戶提出問題：「請問大家還有什麼不清楚的地方嗎？請儘量提出來，我會為大家解答。」這邊需要注意的是「大家」，在任何時候，都要將「你們」、「各位」等能夠概括所有客戶的人稱掛在嘴邊，這樣才能照顧到全方位。在得到問題之後，你可以將答案傳達給每一位客戶，當然也要注重方法。

3．滿足多數客戶的疑問

面對一群客戶介紹產品時，儘量不要只去滿足某個人提出的問題。因為你的客戶是一個群體，如果僅僅回答一個客戶的問題，那麼其他客戶就會覺得自己被忽視了。當然，如果這個客戶提的問題很有代表性，業務員就可以重複強調，並作詳細回答。例如：「剛才這位先生提到的問題……，在座的很多朋友是不是都很關心呢？那麼接下來我就解釋一下……」這樣一來，你的回答就解決了很多人的疑慮。

4．利用人多的優勢，帶動銷售氣氛

面對眾多客戶，業務員也許會擔心自己的介紹不能滿足每個人心中的疑慮，如果有的客戶不願直接提出自己擔心的問題怎麼辦？其實大可不必為此擔心，因為與同一個客戶相比，一群客戶的優勢就在於這些客戶之間可以傳遞資訊、交流意見、討論看法，只要你把產品的關鍵資訊向大家介紹清楚了，至於個別的問題，那些感興趣的客戶自然會主動提出來。

人們都有從眾心理，面對眾多客戶，業務員一定要學會利用這種心理與人氣來帶動銷售氣氛。假如客戶群中有一個人對你的產品表示認可，你就可以對其大加讚賞，並且儘量把這種認可轉變成大家的認可。另外還要注意，面對眾多客戶時，不要一味地只介紹自己的產品，要留

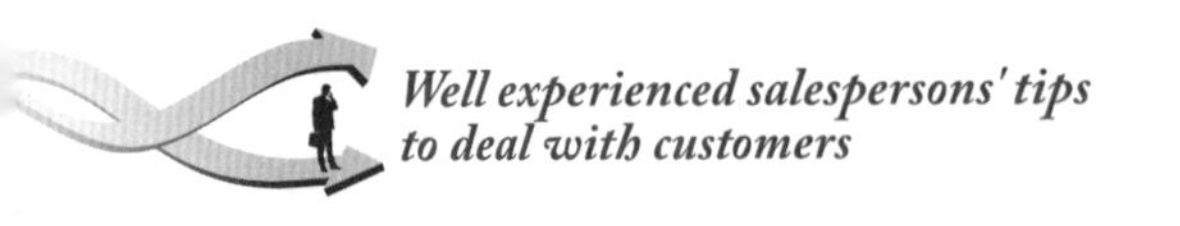

出一些時間讓客戶們相互討論，這樣他們就會很快掌握到更進一步的產品資訊。

你可以這樣做！

業務員：「今天向大家介紹的是一款具有強力去汙作用的洗衣劑，用它洗衣服不僅可以去除各種污漬，還不會傷手、傷衣物，並具有亮彩功能。」

選擇一

客戶：「洗衣劑？效果那麼好嗎？」

業務員：「我想在場的各位都非常想知道這種洗衣劑的去汙功力到底有多強，那麼，現在我就來做一個實驗，證明一下它的神奇功效。」

選擇二

其他客戶：「是呀，有洗衣粉好用嗎？」

業務員：「我們這種產品含有天然皂基柔軟劑，洗衣、柔軟、亮彩三效合一。經皮膚測試，確保洗淨的衣物不容易引起皮膚敏感，也含有防蝕成分，有助於防止金屬鈕釦、拉鍊、暗釦和洗衣機內壁的鏽蝕……」

Well experienced salespersons' tips to deal with customers.

Chapter 3

心理戰術

～如何準確掌握客戶心理

scene 21
透過交談時的細節，讓客戶喜歡你

情景說明

銷售是指一個銷售人員透過與客戶溝通，來獲得客戶信任以及銷售成功的過程，而業務員贏得客戶好感和信任的最有效方式，往往不是他精彩絕倫的產品介紹，也不是他鉅細靡遺的解答，而是他能夠處理好與客戶溝通時的每個細節。細節雖然小，但是卻往往能夠決定一個業務員工作的成敗，莫非定律（Murphy's Law）說：「假如每件事情都看似順利，就必定疏忽了什麼事情。」在推銷時，也許業務員忽視了一個細節，就可能讓先前的努力功虧一簣。細節貫穿於整個銷售工作的階段，細節的完美是整體出眾且能成功的前提，注重細節，也是業務員留給客戶完美印象的最佳手段。所以，業務員必須從見到客戶的那一刻開始，就要注意每一個細節的處理。

銷售現場

業務員：「您好，我是草本茶公司的業務，今天來是想向您介紹我們的新產品健美茶。」

客戶：「你好，不過我好像沒有聽說過你們公司啊。」

（或者：哦，是嗎？不過我現在不需要這個，你還是離開吧。
什麼健美茶，像你這種推銷茶的業務我見多了。）

錯誤的應對

❶ 我們是一家專門生產各類草本茶的公司，產品受到很多消費者的喜愛，您應該瞭解一下我們的產品，一定會覺得非常超值。（**口說無憑**）

❷ 怎麼會不需要呢？一看您就是一個工作很繁忙的人，不光有黑眼圈，臉色也不太好。我想您應該是一個長期坐辦公室工作的人吧。也許您沒有時間運動，但是只要喝了我們的健美茶，您的這些問題都會得到改善。（**不懂得說好聽的話**）

❸ 不，我們的茶絕對和一般市面的不一樣，因為我們的產品都是萃取自天然植物，還採用十幾種名貴中藥，經科學配製而成，對各類疾病都有很好的預防和輔助治療作用。能夠通經活絡，平衡身體能量，可以幫助您提高免疫力，快速解除疲勞……您也知道，現代人的生活節奏快，水跟環境等都受到不同程度的污染……所以您一定要喝看看我們的茶……（**話太多**）

問題分析

銷售工作的步驟和基本說話技巧很多業務員都清楚，但是僅僅知道這些並不能保證工作每戰必勝，因為細節才是決定成敗的關鍵。業務員只有掌握好細節，才有可能真正抓住客戶的心。

1．適當的寒暄

寒暄是一種禮貌，在人際關係中，它有助於縮短人際距離，打破僵局，與客戶來往當然也是如此。在與客戶會面時，不宜直接提及銷售主題，而是要和客戶進行適當的寒暄，這樣不僅能夠快速消除客戶的戒備心態，也會讓溝通氛圍變得和諧融洽起來，有助於增加彼此的熟悉和信任度。但是需要注意的是，寒暄內容一定要與現實貼近，切忌沒話找話，或是浮誇其談，否則就可能招致客戶反感。

寒暄的內容最好能與客戶關心或是感興趣的事情連結起來。例如客戶喜歡打高爾夫球，你可以說：「聽說您的高爾夫球打得非常好，如果有機會的話真想讓您指導一下我的球技啊。」另外，你還需要掌握好寒暄的時間，一般在15分鐘內比較合適。在寒暄之後，應該要瞭解到客戶的需求在哪方面，具體情況如何，以及什麼時候他的產品需求最緊迫三個問題。

2・讓客戶多說，你多聽

雖然推銷工作需要用口才來說服客戶，但是很多時候，還是必須學著做一個好的傾聽者。讓客戶多說，而你則多聽，這樣不僅代表對客戶的一種尊重，而且從客戶的言談之中，你也能掌握到很多對銷售工作有用的資訊。在聆聽時，一定要做到專心、真誠，不要假意逢迎；也不要心不在焉，東張西望，否則會讓客戶覺得你是在應付了事。另外，也不要隨便打斷客戶的談話或是提出反駁，以免讓對方覺得你很失禮。傾聽時要適當地給予客戶回應，例如點頭、微笑、輕聲應答等，如果有什麼不清楚的地方，也要適當地提出來，以免自己因誤解而對接下來的工作造成影響。

3・給客戶留下一定的空間

在與銷售人員溝通時，客戶最怕遭到形式或是氣氛上的逼迫，如果碰上了，他們的第一選擇就是離開。而有的業務員為了快速贏得客戶好感，往往會非常熱情地讚美、招呼客戶，介紹產品的各種優點，在不自覺間給客戶一種非買不可的壓迫感，反而讓客戶更加避之唯恐而不及。所以，無論你對業績的達成多麼迫切，都要適時的給客戶一些空間，為他營造一個輕鬆的環境，讓他做一些思考，給他一些時間，不要至始至終都纏著他不放。

4．準備好重要的資料

在拜訪客戶之前，應該準備好所有可能會用到的相關資料。例如名片、產品宣傳DM、照片或是獲獎證明，還有客戶回饋情況、權威機構評價、各企業同類產品品質及價格對照表、報紙新聞剪貼等等，它們都可以增加客戶對產品的興趣，讓客戶更清楚地瞭解產品，方便他們做出選擇。所以在見到客戶時，你應該先恭敬地送上你的名片，而名片的製作最好比較特別或有個人風格，這樣才能讓客戶過目不忘。在與客戶的溝通之中，如果你能在客戶對產品產生質疑時，適時地向他出示相關資料，那麼就能很快解決問題，並且讓客戶覺得你是一個思考周到的人。

業務員：「您好，我是草本茶公司的業務，今天來是想向您介紹我們的新產品健美茶。」

選擇一

客戶：「你好，不過我好像沒有聽說過你們公司啊。」

業務員：「是嗎？沒關係，其實我們公司在業界是比較有知名度的，這是我們產品的得獎情形還有品質認證。我們是一家專門生產各類草本茶的公司……」

選擇二

客戶：「哦，是嗎？不過我現在不需要這個，你還是離開吧！」

業務員：「看得出來您可能常常處在緊張的工作之中，工作能力一定非常優秀，不過在辦公室打拚的同時，您也應該保重自己的身體才是啊。如果您覺得自己沒有太多的時間休息，建議您從飲食做調整，試試我們的健美茶……」

選擇三

客戶：「什麼健美茶，像你這種推銷茶的業務我見多了。」

業務員：「其實我們的健美茶和您知道的市面產品還是有差別的，您瞭解之後，一定會發現我們的茶的獨特之處。您願意告訴我為什麼不相信這些業務員嗎？」

scene 22 言談舉止之間，讓客戶覺得倍受重視

情景說明

在人際交往的過程中，人們往往是從彼此的言談舉止來認識對方，進而知道對方的相關個人資訊。同樣的，在業務工作中，客戶認識業務員的主要方式也是如此，如果業務員在言談舉止間不能讓客戶留下一個好印象，或是沒有贏得對方的注意，那麼，就更難讓客戶注意到產品本身了。因為客戶只有在受到重視之後，才有可能將目光轉移到產品上，所以業務員在與客戶交流時，就要特別注意自己的言談舉止，先讓客戶從中感受到你對他的重視與尊重，等雙方建立起良好的關係之後，再進行產品方面的推銷，那麼獲得成功的機會就會大很多。

銷售現場

業務員：「我們談了這麼久，您還有什麼問題嗎？請儘管提出來。」

客戶：「你們的電腦硬碟IC板到貨時間似乎有點慢，如果不能在兩天之內到貨的話，我們可能不會考慮你們公司。」

（或者：你們的協議上怎麼沒有寫有關售後服務的問題？說你們的

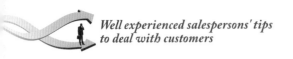

IC板不易燒毀故障，是真的嗎？）

錯誤的應對

❶ 我們的產品都是從生產工廠送來的，到您這裡的話最少也需要兩天，外加一些準備工作，我們最快也要兩天半，我們也是有苦衷的啊！（談太多自己）

❷ 這個是協議，只有我們的合約上才會有，您現在簽合約嗎？（沒有耐心）

❸ 當然是真的，剛才不是已經做過產品介紹了嗎？品質認證書您不是都看過了，您還不相信？（不注重禮貌）

問題分析

商場上有句話說：「客人永遠是對的。」，如果業務員不注重客戶的感受，對客戶沒有耐心或是缺乏必要的禮儀，就很難拉近與客戶之間的距離，雖然不少業務員在心裡都知道與客戶建立良好關係的重要性，但是一旦實際面對客戶，這種想法就瞬間不自覺地抛在腦後，這往往是因為他們不懂得如何去營造出良好氛圍，言談舉止也不能讓客戶覺得倍受重視。

1．多談客戶少談自己

銷售工作是一個製造雙贏的過程，客戶與你最關心的都是自己的利益。你的利益想要獲得保障，必須經過客戶的同意，也就是說如果客戶不願成交，你也就無法得到預期的利益。所以，在銷售過程中，為了贏得客戶的好感，你要把對方放在最高貴的位置，儘量將話題圍繞著客戶展開，多談客戶少談自己，而具體該表現在：

- 在與客戶溝通時，應該多尋求客戶的意見，詢問他的想法。例如「您需要什麼價位的產品？」、「您還有什麼要求嗎？」等等。
- 如果想要提出自己的意見，也要儘量少用「我認為」、「我覺得」等主觀色彩強烈的用詞，而是要將自己的想法以一種提意見的方式說出，例如「您覺得我的想法怎麼樣？」。
- 在介紹自己產品時，可以以客戶作為主語，例如：「您的氣質很適合這枚胸針」，這樣不僅能讓客戶注意到你的產品，同時也能讓客戶感覺到你很重視她。

2．耐心對待客戶

在銷售中，業務員的耐心就是重視客戶的表現，如果你能以十足的耐心解決客戶提出的異議，甚至是投訴，那麼往往能給客戶留下更深刻的印象，反之，客戶就會覺得他對你來說可有可無，也就不會對你產生好感。所以，在對話時更應該向客戶表現出耐心，而且越是令你棘手的狀況，你就越是要表現出耐心，這樣才更能顯示出你對客戶的重視與你的氣質。

3．始終保持微笑

「微笑是世界上共通的語言。」在跟客戶推薦產品時，微笑同時也是一種最有價值的語言，一個看似不起眼的微笑，無意中就可以帶來眾多商機或顯著的正面影響，同時，微笑也是對客戶的一種尊重。

- 在與客戶剛見面時，業務員的微笑是一種禮貌，向客戶表示：「很高興見到你。」
- 在介紹產品時，業務員的微笑是友善，向客戶表示：「真心希望您瞭解我們的產品。」

+ 在客戶提出難以解決的問題時，業務員的微笑是一種勸慰，向客戶表示：「請您不要著急，讓我慢慢跟您說明。」
+ 在簽過合約之後，業務員的微笑是一種信任與支援，向客戶表示：「希望我們合作愉快。」

隨時露出笑容，就能隨時給予客戶良善的回應，隨時給予客戶受到重視的感覺。

4·注意自己肢體語言的運用

肢體語言是一種最顯而易見的無聲語言，人類很多的內心情感都是以它作為媒介來傳達出去的。在與客戶溝通的過程中，要時時刻刻注意自己的肢體語言，不能讓客戶覺得自己被忽略或者被輕視。

+ 在傾聽客戶意見時，雙手抱胸、雙手或單手托腮、將雙手插在衣服口袋裡，都是對客戶的一種不尊重。
+ 與客戶溝通時應該將身體微微前傾，來表示對客戶談話內容的重視與期待。
+ 雙方坐定後，業務員要坐姿端莊，不要翹二郎腿，如果你恰巧坐的是那種可以旋轉的椅子，千萬也記住不要左右搖擺，免得給客戶一種傲慢和不莊重的感覺。

你可以這樣做!

業務員：「我們談了這麼久，您還有什麼問題嗎？請儘管提出來。」

選擇一

客戶：「你們的電腦硬碟IC板到貨時間似乎有點慢，如果不能在兩天之內到貨的話，我們可能不會考慮你們公司。」

業務員：「您的心情我能理解，如果是我，我也會著急。不過您應該知道我們的生產工廠比較遠，時間算下來最少也要兩天半。對此我們表示歉意，但是我們更應該確認貨物的準時與安全送達，您說是嗎？」

選擇二

客戶：「你們的協議上怎麼沒有寫有關售後服務的問題？」

業務員：「您說的這個問題，現在立刻為您做說明，我們的協議上……那麼，您現在都瞭解清楚了嗎？」

選擇三

客戶：「你說你們的IC板不易燒毀故障，是真的嗎？」

業務員：「對，其實剛剛已經為您介紹過了，但是看來您還是有不夠清楚的地方，您能不能再對不懂的地方說具體一點呢？我再為您說明。」

scene 23

理解客戶喜歡貪小便宜的心理

在購買產品時，客戶考慮的是自己的利益，總是希望能買到品質好價格又合理的產品，甚至只要是超低價產品都來者不拒，幾乎能夠說所有的客戶都免不了有貪小便宜的心態，這就像所有的商人都避免不了想要獲得巨大利潤一樣。因此，當客戶的這種心理有所表現時，作為業務員的你應該學會理性地接納，對客戶表示理解，但是不要忘了自己銷售的目的是賺取利潤，不能為了滿足客戶而過度犧牲自己的利益，所以你必須運用一定的技巧來消除客戶的這種心理，以達到雙方利益的均衡。

銷售現場

業務員：「這組德國製葉片式定時電暖器現在正在打5折，價格是3280元。」

客戶：「是這樣啊，不過我的一個朋友前天買了一個和這個看起來差不多的陶瓷電暖器，才花了2800元，人家還送了一件漂亮的毛毯呢！」

（或者：不過你這裡的另一組電暖器和這個差不多，卻比這個便宜了500元，我還是買那個吧。
我買兩組的話，應該再打個折吧。）

錯誤的應對

❶ 是嗎？那您去問您的朋友吧，我們這裡沒有這麼便宜的。
❷ 覺得貴？這個已經打5折了，您說的那款品質和外觀遠遠比不上這個呢。
❸ 沒辦法了，我們已經折一半的價錢，已經讓很多步了，您也幫我們想想吧！

問題分析

缺乏經驗的業務員有時在銷售過程中不能準確地揣摩客戶心理，所以往往會過於直接地反駁客戶，這樣很容易自己就把話說絕，同時也引起客戶的反感。其實只要換一下客戶立場思考，就能明白客戶的這種表現是正常的，你所要做的只是採取更好的方法來降低對方原本的心理預期，甚至說服他放棄貪小便宜的心理，而不是一口回絕。

1．給客戶留面子

面對客戶的一再砍價，有些業務員會覺得很不耐煩，甚至直接在銷售現場明說或批評客戶的購買心理，這是十分不可取的。像是一個人希望吃到蛋糕，結果沒吃到，你卻當著大家的面說他嘴饞一樣，像這樣的毫不留面子只會讓銷售工作更快失敗，也會永遠失去這個客戶。所以，當客戶提出了過分的價格要求時，還是要保持冷靜，即便是侵害到了你的利益，也不要直接了當地與他爭辯，畢竟禮貌地接待客戶是一個銷售人員應有的基本素質。俗話說：「買賣不成仁義在。」即使無法做成生意，你也能留下一個潛在客戶。如果你的說服技巧夠好，就能夠逆轉讓他成為你的成交客戶。

2・迂迴地表達自己的觀點

如果你還想跟這樣的客戶繼續做生意，那麼就必須講明你的想法，讓他瞭解你想怎麼做。不過因為你沒有直接說出對方的想法，你也就不好直接說出自己的觀點，這時候就需要使用一些較為迂迴的說話方式來表達自己的態度。

例如：「我們做生意的態度是和氣雙贏，這種平衡需要您跟我一起來建立，對嗎？」這樣一來，不僅讓客戶明白了你的觀點，也會讓他覺得你是個有涵養又聰明的人。也有可能客戶會因此改變想法，保留餘地與你進一步洽談。

3・引導客戶理性地認識產品與價格

想要減弱客戶貪小便宜的心態，就不能讓客戶明白你也同樣需要利益，因為在客戶心中，總會覺得賣家獲得的利益遠比他知道的還要多，即便你說的屬實，他們也會出於內心防範而拒絕接受。所以你不妨從「一分錢一分貨」的道理出發，讓客戶理性地認識到產品與價格的關係。在與客戶交流時，可以透過計算CP值的方式，讓客戶瞭解到產品價格高低差的區別，並留給客戶思考時間。一般情況下，多數客戶都不會反對你的意見，那麼，你的銷售工作也就能繼續進行下去了。

你可以這樣做！

業務員：「這組德國製葉片式定時電暖器現在正在打5折，價格是3280元。」

選擇一

客戶：「是這樣啊，不過我的一個朋友前天買了一個和這個看起來差不多的陶瓷電暖器，才花了2800元，人家還送了一件漂亮的毛毯呢！」

業務員：「我瞭解您的心情，也許在外觀上您覺得這組電暖器和朋友買的沒什麼差別，但是只要您仔細看一下它的功用和品質，就會發現兩者有很大的差異。這組電暖器24小時預約開關，並有強效速熱……」

選擇二

客戶：「不過你這裡的另一組電暖器和這個差不多，卻比這個便宜了500元，我還是買那個吧。」

業務員：「是啊，不過其實一分錢一分貨呢。現在我就為您說明500元的差距在哪裡，剛才為您推薦的這組電暖器還附烘衣掛架……」

選擇三

客戶：「我買兩組，應該再打個折吧。」

業務員：「其實您也是我們的老客戶了，這幾年我們能這樣合作，完全是因為我們都是抱著和氣雙贏的態度，我希望能繼續保持這樣良好的關係。您覺得如何呢？」

scene 24

不要只是恭維客戶，要發自內心讚美

情景說明

讚美客戶是業務員贏得客戶的最有效手段。但是，並不是每個業務員都能因為讚美客戶而獲得青睞，這是因為有些時候，業務員讚美的目的性過於明顯，只是為了贏得客戶的好感而非主動地使用讚美，結果造成對客戶的讚美不夠真誠，甚至缺乏事實依據，因此很難讓客戶產生認同感和信任感，甚至還會讓客戶覺得虛偽反感。所以，業務員能運用讚美還不夠，關鍵是知道如何運用適當，貼切的讚美，只有恰到好處的讚美，才有可能真正贏得客戶的心。

銷售現場

業務員：「小姐，不知道您現在是否有時間來瞭解一下我們的光觸媒空氣清淨機呢？」
客戶：「不，我現在正在出差。」
（或者：抱歉，我正要和家人出去玩。
我今天要去幫家裡買些日用品。）

錯誤的應對

❶ 哦，那您真是辛苦了，真是一個盡責的好員工啊，如果您的老闆能好好提拔您，那真是他的福氣啊。

❷ 哇，您的家庭真溫馨，如果每個家庭都能像您這樣和樂融融的就好了呢。不過您能不能抽出一點時間，聽一下我們空氣清淨機的介紹？

問題分析

在銷售過程中一定要讚美客戶，這是很多業務員都知道的，但是並不是每個人都能運用好讚美技巧，特別是新手業務員，經常不能恰到好處的使用讚美，不是過分讚美，就是不切實際，而這也成為銷售失敗的原因之一。對此，那些優秀的業務員們給了這樣的建議：

1．具體讚美客戶

一些業務員在讚美客戶時之所以顯得矯飾、不切實際，多是因為他們對客戶的讚美缺乏具體的事例佐證。所謂具體而明確的讚美，是指讚美客戶時使用與客戶相關的某些事物作為連結，這樣的讚美才顯得真實、具體、有可信度。例如你的客戶是一位男性，那麼與他相關的某些事物例如工作、事業、愛心、孝心、襯衫、領帶、髮型、額頭、鼻子、西裝、領帶夾、氣質、車子、房子、妻子、孩子等等，都可以是你讚美他的連結，例如：「先生，您太太很漂亮，孩子又那麼可愛，您真是幸福啊。」類似這樣的具體讚美，任何一位客戶都會非常樂意接受。

2・選擇恰當時機讚美客戶

讚美也要講究時機，有些業務員為了快速贏得客戶好感，就連聲不絕地讚美客戶，殊不知這樣往往會適得其反，使客戶覺得聽到的所有讚美都沒有任何價值。如果將銷售工作比喻成一幅畫，那麼讚美就是其中的點睛之筆，恰到好處的準確運用，才能讓整幅畫生動起來。在整個銷售過程中，你應該讓客戶認為你的讚美有價值、有品味，讓他對此留下深刻的印象，讓他知道你的讚美之辭是因為看到他才發自內心湧出的，是很真誠且寶貴的。只要讓他感覺到，只有你是懂得欣賞他的，那還擔心產品賣不出去嗎？

3・讓讚美合乎客戶的心意

在讚美客戶時，有些業務員習慣搬出一貫的讚美客套話來應付客戶。例如：「您看起來富態，很有福氣啊！」、「我這只是混日子，您才是日進斗金呢！」等等。類似這樣「福祿財」的寒暄語，在現代早已不適用了。想要真正打動客戶，業務員就要把讚美說到客戶心坎裡，與客戶本身密切相關最好。例如你的客戶剛當了爸爸，妻子孩子健康平安這時談及孩子就是最能讓他開心的事。你可以先祝賀他，並藉此好好讚美他一番，就能倍增他做父親的自信感，因為你的讚美使他融入了感情，所以他也會對你倍增好感。

4・善於找到客戶優點

讚美的目的是贏得客戶歡心，但是有的業務員用的讚美不少，但是卻不見成效，這往往是因為他們沒有把讚美與客戶本身好好地連結起來。例如遇到客戶開著一輛名牌汽車，不少業務員就會讚美客戶的車漂亮，但是這樣的讚美難免會顯得膚淺，沒什麼特別，很難給客戶留下深刻的印象，也會覺得是一種恭維和敷衍。但是如果可以將讚美與客戶本身聯結起來，例如：「您的車保養得真好啊！」就能讓客戶感覺到你是細心觀察才得出的結論，是發自真心的讚美，因此更能從心底感到高興。

業務員：「小姐，不知道您現在是否有時間來瞭解一下我們的光觸媒空氣清淨機呢？」

選擇一

客戶：「不，我現在正在出差。」

業務員：「週末您也不休息一下，真是認真呢，我也得向您學習。不過您也要記得留下一些時間給自己，不要太過勞累。」

選擇二

客戶：「不，我正準備和家人出去玩。」

業務員：「哦，是嗎？您能一家一起去郊遊，多幸福啊。你們一家子真是讓人羨慕呢！」

scene 25

抓住任何客戶都會有的心理弱點

情景說明

對業務員來說，想要交易成功，就必須把握住客戶的購買動機，所謂的購買動機，就是指客戶在成交過程中所產生的一連串極其微妙、複雜的心理變化，包含著關於產品方面的各種想法和觀點。也就是說客戶的心理變化對於銷售成敗有著決定性的影響，如果業務員不能準確且全面地把握客戶的心理動向，就很容易使溝通出現障礙或者誤解客戶的意思，而影響到銷售進展。所以全程掌握客戶的心理變化非常重要，而且促使客戶做出成交決定也是由客戶自己的決心而來的，所以業務員一定在過程中要經常注意客戶的反應來做正確應對。

銷售現場

業務員：「小姐，這款單眼相機真的很適合您，如果不買就太可惜了。」

客戶：「樣子很精緻，品質也不錯，不過太貴了，還是算了吧。」

（或者：這……相機對我來說好像不需要買到這麼貴，這種價格有點無法接受，我還是不買了。

我對這樣的相機不太感興趣，你就別再介紹了。）

錯誤的應對

❶ 這樣子啊，樣子您喜歡，品質也非常好，您為什麼不想買呢？

❷ 哦，是嗎，那好吧。

❸ 這款單眼相機款式多漂亮啊，怎麼會不感興趣呢？難道您覺得它的型不好看？

問題分析

行銷其實就是一個攻心戰，客戶之所以做出成交決定也都是為了滿足自己的心理需求。所以想要交易成功，業務員就要善於抓住不同客戶的性格特色，尋找並激發能夠促使客戶做出成交決定的心理弱點。那麼在購買產品時，客戶都會有哪些需求呢？

1．實用心理

考慮產品是否具有實用價值，是客戶的普遍心理。誰都想買到物超所值的產品，特別是在經濟不景氣的時候，例如家庭主婦、年紀稍大的客戶等族群，就更是將產品是否具有實用價值放在首要位置。所以在面對這類客戶時，就要從使用頻率上的角度出發，滿足他們的物盡其用心理。

2．求利心理

客戶都希望買到品質好價格又便宜的產品，特別是那些講求實在的客戶，這種求利心理就更為強烈，這也是一般客戶喜歡搶購特價產品的原因。在溝通中，客戶的這種心理取向就可以幫很大的忙，例如客戶對產品並不感興趣，就可以告訴客戶選購產品能給他帶來什麼樣的利益，透過客戶的求利心理使他對產品產生興趣。

3．好奇心理

好奇心是我們都有的一種心理，特別在一些追求刺激、時尚的年輕人身上，就更容易為了滿足好奇心而做出購買決定。而行銷方式也經常從廣告slogan或是名稱上來激發人們的好奇心，以增加銷售量。而在介紹時也可以利用這種心理，可以先向客戶拋出一個有趣的話題，然後在溝通中慢慢揭曉答案，並且這個話題最好是和你的產品相關的。例如你賣車，可以問客戶：「您知道目前世界上最貴的跑車是哪一款嗎？」

4．差異心理

隨著個人主義的高漲，人們開始越來越崇尚自我風格，總希望自己可以備受注目，特別是年輕人，更是這種期望標新立異的代表。所以如果你的客戶是這種喜歡新潮的年輕人，你就可以充分利用他們的這種需求，即便是一般客戶，如果他們覺得購買你的產品能夠突顯出自己的特別，他們也會非常願意接受。

5．比較心理

很多客戶買產品，都是因為比較心理，想買有質感、功能更多、款式更有質感的3C產品，佩戴更高貴的首飾，穿著新潮、更時尚的服裝，用更高檔的生活用品等，這都表現出人們的比較心理，而且無論男女老少，這種想贏別人的優越感都存在著。所以只要有可能，都可以透過刺激客戶的這種心態來增加客戶對產品的需求。

6．從眾心理

從眾心理是群體社會中一種常見的反應趨勢，多數人都希望與社會同步，不願過於突出，也不願落後。在購買時人們也習慣選擇跟大多數人一樣愛用的商品。據相關研究顯示，如果某件耐用的消費產品的家庭擁有率達到40%以上，那麼該產品就會掀起人們的消費高潮，並成為需求指標。

7．崇外心理

有些個人喜好推崇國外的產品，標榜某國製造或是某國進口就最能打動他們的心，只要是來自國外的產品他們就喜歡，也更願意花多一點錢購買，滿足自己喜歡用外國貨的這種消費心理。

8．炫耀心理

有自我優越感的人喜歡透過使用名牌來顯示自己的地位和威望，這些人是客戶中的金字塔族群，並且隨著社會生活水準的提高，這一類客戶在數量上有逐漸增多的趨勢。特別是喜愛購買高檔的、貴氣的，例如像是金錶、金銀首飾等可以顯示身份產品的客戶，一般都帶有這種心態，因此業務員能夠適時的在介紹中強調自身產品的高貴之處，就能讓這類客戶多一些注意和興趣。

你可以這樣做!

業務員：「小姐，這款單眼相機真的很適合您，如果不買就太可惜了。」

選擇一

客戶：「樣子很精緻，品質也不錯，不過太貴了，還是算了吧。」

業務員：「和一般單眼相機比，價格的確是貴了一點，不過它的品質非常好，在水底下也可以正常作用，所以無論您是游泳還是出遊時相機不小心掉進水裡，都不用擔心，非常方便。」

選擇二

客戶：「這……相機對我來說好像不需要買到這麼貴，這種價格有點無法接受，我還是不買了。」

業務員：「其實現在買相機都不只是為了拍照，特別是像您這樣有文藝氣息的女性，拿上一款新機種的單眼相機可以更凸顯出您的知性美，而且這款相機外型優雅，設計精密講究，拍攝出來的照片也非常讓人驚豔，是一款CP值很高的產品。」

選擇三

客戶：「我對這樣的相機不太感興趣，你就別再介紹了。」

業務員：「這款相機是由知名的德國品牌所設計的，國外賣得非常好，在引進時我們在款式上做了改良，讓它更加適合我們女性，而且它是千萬畫素，畫質非常好，款式優雅，和您很相襯……」

察言觀色
就能洞察客戶心理

透過對客戶言行舉止的認真觀察，來加深對客戶的認識並確認說服方向，是很多優秀業務員經常使用的一種方法。透過這種方式，業務員往往能從中分辨出哪些舉動和用詞是阻礙銷售工作的警戒信號，哪些是對銷售有幫助的積極信號，來獲得更多對自己的交易有用的資訊，辨認出客戶的多種購買習慣和需求信號，因此，也更能幫助業務員增加銷售成功的機會。所以在與客戶交流時，就要善於察言觀色，注意客戶的表情、神態、動作、眼神中所蘊含的意義，以此作為分析客戶心理的依據，使他們對你的銷售工作形成雙方互利。

銷售現場

業務員：「先生，這組能開運的青花瓷蟠龍花瓶……您覺得怎麼樣？」

客戶：「這個，我還是覺得顏色不夠漂亮啊。」

（或者：還可以吧，不過這樣一個花瓶似乎不太適合擺在家裡。它太薄了，我覺得這個很容易破。）

錯誤的應對

❶ 這個顏色多好啊，別的地方絕對沒有比這個更漂亮的了，您不能總是雞蛋裡挑骨頭啊！

❷ 我覺得再適合不過了。而且適合擺在書房，非常有品味。

❸ 不會啊，這組瓷器雖然看起來薄，但是絕對牢固。

問題分析

其實客戶在購買產品的過程中，時常會「心口不一」，因為他們希望保留並獲得更多的利益，所以也難免會使用一些小把戲。業務員如果不善於察言觀色，就容易曲解客戶的意思，按照錯誤的判斷推銷。而有經驗的業務員往往都是觀察然後在得知客戶真實的想法之後再做針對性的推銷的，這是因為他們有一套可以徹底抓準客戶想法的好方法：

1．看客戶是否專心傾聽

判斷客戶心理的方法中，最重要的就是觀察客戶的眼神。一個人的眼神如果是飄忽不定的，那麼他一定是對眼前的事情不感興趣或是假裝關心，可能只是想打發一下無聊的時間，或是隨便應付一下業務員，也許完全沒有購買動機。想要改變這種現狀，就要據此做出相應的解決方案，使他對你的產品產生興趣，如果在講解之中發現客戶的眼神對你或是產品非常專注，甚至是聚精會神，那麼就確認了客戶對你的產品有興趣，你就可以進行下一步的說服了。

2・注意客戶身體語言

客戶的身體動作與表情都是非常重要的資訊來源，仔細觀察客戶的身體語言，會使你很快瞭解到對你有幫助的客戶想法。

- 如果客戶在聽你說話時，身體開始往前傾，這表示客戶對你的信任度開始增強，願意與你做進一步交流，這時你可以順勢將談話帶入對你有利的話題，例如目前產品已經賣出了多少組，再不下手可能就缺貨了。
- 如果客戶表情平靜，或做深思狀，或不說話，一般情況下，這代表客戶已經開始考慮是否要購買產品了，所以此時最好不要打擾他，安靜地等待他說出想法和意見。
- 如果客戶在你們溝通時總是表現出緊張、不安，或時常變換坐姿，那麼就要保持警覺了，這往往表示客戶內心是在拒絕你。不過如果客戶的這種表現持續超過了三分鐘，那麼就不必擔心了，他很可能是因為暫時有些顧慮難以釐清，或是因為某些原因正在猶豫不決，但是可以肯定的是，他還沒有放棄產品。如果在這時候還能夠使用正確的方法推銷，就能夠快速推進銷售進展。

業務員需要注意的是，在觀察客戶時，要注意不留痕跡，不要讓客戶有一種從頭到腳被監視的感覺，否則就會引起客戶的反感。

3・看客戶是否提出要求

如果客戶在交流之中提到了很多個人要求，例如降價、送贈品、分期付款、更方便的付款方式、更好的售後服務等等，那麼恭喜你，這恰好證明你的客戶已經準備做出成交決定了。此時，你所需要做的就是把握好時機，在對自己有利並以實現成交的範圍內儘快與客戶達成交易。

但是如果客戶沒有提出任何要求，或是要求很少，那麼表示客戶對你的產品還沒有購買之意，甚至對你的產品根本不感興趣，這時候就需要用直接詢問等方式找出原因，然後加以解決。

4·看客戶是否徵求第三者意見

客戶若是開始徵求第三者的意見，那麼表示他對於是否購買產品不夠堅決，希望尋求第三者的正面回應來增強購買信心，這對業務員來說是一個正面資訊。對此，業務員可以想辦法先說服陪同者，然後與其形成同盟，並提出實例來堅定客戶的購買信心。

5·看客戶對產品是否有疑問

如果客戶對你的服務或者產品沒有任何疑問或不滿之處，那麼通常就代表客戶對你的產品不感興趣，這時，就需要適當提問，瞭解客戶的真正需求和想法，然後採取有效的辦法來引起客戶的興趣。如果發現他總是對你提問不斷，那麼就代表他對你的服務或是產品有著很大的興趣，這是一種正面訊息。這時就可以針對客戶的提問做出專業解答，破除他的疑問，並為產品做必要的優點宣傳。

你可以這樣做!

業務員：「先生，這組能開運的青花瓷蟠龍花瓶……您覺得怎麼樣？」

選擇一

客戶：「這個，我還是覺得顏色不夠漂亮啊。」

業務員：**（看到客戶眼睛沒有離開過產品，並且流露出喜歡的目**

光。）先生，這個花瓶是限量生產的，現在就只剩下這一組了，還附原作保證書，市面上可以說是絕版了。」

選擇二

客戶：「還可以吧，不過這樣的花瓶似乎不太適合擺在家裡。」

業務員：「**（看到客戶直盯著花瓶，若有所思的樣子。）**這組花瓶其實很適合擺在家裡，特別是書房，如果您的書房能擺上這樣子一組品味卓越的花瓶，一定顯得非常高尚的啊。」

選擇三

客戶：「它太薄了，我覺得它會很容易破。」

業務員：「**（看到客戶聽得聚精會神，十分專注的樣子。）**先生，這組花瓶的製作工藝非常精湛，您剛剛一定也聽過我的介紹，對它有一定的瞭解，況且它還是手工精細彩繪出的工藝精品。因為精緻才值得您收藏，那麼您是否還有其他方面的問題呢？」

scene 27

對客戶熱情，不如對客戶關心

情景說明

熱情是一個業務員不可或缺的職業特質，在向客戶推銷時，幾乎所有的業務員都會努力將自己熱情的一面表現得淋漓盡致，但是即便是這樣還是會有不少人遭遇失敗。可見，僅僅擁有熱情並不能幫助業務員就贏得訂單。因此我們說銷售工作是一個業務員與客戶深入溝通和交流的過程，在單純的熱情對待之下，客戶很難真正敞開心扉與一頭熱的業務員說真話。想要深入溝通，就要先在自己與客戶之間建立起友善的關係，讓客戶在交談中放下防備，而這些都需要業務員透過誠摯的關心來獲得。那麼如何向客戶表達關心和體貼呢？這就需要掌握良好的技巧，從見到客戶的第一面開始，就要自然地建立起和諧的友善關係，並逐漸加深這種感情。

銷售現場

業務員：「小姐，您看起來很有氣質呢，現在有空來參加我們公司舉辦的免費美容講座嗎？」

客戶：「抱歉，我現在要去面試。」

（或者：好啊，我現在有時間。
　　　下午還有事，沒辦法去。）

錯誤的應對

❶ 沒關係啊，您先留個電話吧，我再確認您下午有沒有時間，如果有的話一定要來，我們不常提供免費的美容講座的……

❷ 您的皮膚看起來不錯，妝化得也還可以，不過我們的美容講師會根據您的情況量身訂做出最適合您的美妝……

❸ 沒關係，我們的講座中午就結束了，等您聽完講座，再去忙您的事，我保證絕對不會耽誤您的時間的。

問題分析

對客戶熱情沒有錯，但是如果這種熱情缺乏了人情味，那麼熱情就成了「絕情」。雖然熱情足夠，但是卻缺少關懷，結果就會使熱情顯得不夠真誠。經驗豐富的業務員能很快地贏得客戶的心，是因為他們懂得關心客戶比熱情更為重要：

1．考慮客戶的感受

客戶的要求是第一位，同樣客戶的感受也是第一位。因為客戶關心的是自己的利益，所以每一位客戶都願意接受真心替他們設想的業務員，不論是傾聽還是交流，他們都願意付出更多的熱情。所以，從與客戶的交流開始，就要處處考慮到客戶的感受，使客戶覺得你的任何決定都是為了他而做的。這樣一來，你就會被他定義為「不是只為了商業利益的自己人」，而迅速對你產生好感，願意展開進一步交談。

2．增加客戶對你的信任

通常情況下，客戶總會先把銷售人員當做假想敵來防範，所以在與客戶見面的一開始就表現出對客戶的關心，往往讓他們很難接受，甚至還會產生反感，認為你的關心都是為了實現利益才那麼熱情，因此更加排斥你。那麼怎樣才能消除客戶的這種緊張情緒，使他放下心理防備呢？說穿了，其實也沒有什麼絕對的方法，你唯一要做的就是發自內心尊重並信任客戶，例如依約來訪，履行你的承諾等，透過這些實際行動來換取他對你的信任。

3．理性地為客戶分析利弊

客戶在購買產品時更關心自己眼前的利益，所以相對於關心他們健康、工作等問題的業務員，他們更青睞那些關心他們購買利益的業務員。如果能透過理性的分析向客戶說明購買產品前後的利與弊，告訴他們產品可以為他們帶來什麼好處，改善什麼壞處，就會讓客戶覺得你的確是在為他們的情況設想，希望他們在購買後能夠保障更多的利益而對你有好感。你的分析越是深入，就越能顯示客戶在你心中的重要性。

4．真心誠意幫助客戶

不少客戶在面對業務員時會小心翼翼，充滿警戒。因為他們害怕自己一個不留神就成了業務員的「囊中物」。其實客戶的這種心理往往是被某些業務員「嚇」出來的。為了達到銷售目的，有些業務員想盡辦法，不僅不關心客戶實際上需要什麼，更甚者強迫推銷，這樣的業務員不僅最終贏得不了客戶的心，也醜化了所有銷售人員在客戶心中的印象，對於促進成交沒有任何益處。所以，想要真正獲得客戶的心，業務員就要真誠地關心客戶，盡心盡力地幫助客戶解決問題，不走捷徑，這樣才能真正消除客戶的疑慮和誤解。

你可以這樣做!

業務員：「小姐，您看起來很有氣質呢，現在有空來參加我們公司舉辦的免費的美容講座嗎？」

選擇一

客戶：「抱歉，我現在要去面試。」

業務員：「哦，是這樣啊，那可不能耽誤，這是我的名片，上面有我的聯絡方式和我們公司的簡單介紹。希望您有時間能參加我們的活動。祝您順利地通過面試。」

選擇二

客戶：「好啊，我現在有時間。」

業務員：「小姐，您的膚質看起來非常不錯，不過從化妝的角度來看，您的妝還是能更完美，因為還能再發揮出您的臉部優勢，其實您原本五官就很漂亮，如果能化個更適合您的完美彩妝，那麼看起來就會更美了……」

選擇三

客戶：「我下午還有事，沒辦法去。」

業務員：「那麼請問您下午幾點要忙呢？其實我們的講座在中午就前能結束了，不過沒關係，如果您覺得時間不夠充裕，您可以留下電話，那我們再根據您的時間通知您下一次的講座，如何呢？」

scene 28

再大的負面情緒，也不要帶給客戶

情景說明

無論是誰，都難免在日常生活中遇到一些煩心事，但是業務員是一個經常都要面對客戶跟溝通的工作，難免也會遭遇到客戶的激烈異議或是投訴，但如果業務員習慣將自己的負面情緒帶到工作中，就可能給業績帶來很多負面影響。所以，想要避免銷售工作受到影響，就要學會管理情緒，在工作時把個人情緒拋在腦後，這樣的做法對我們來說不太容易，畢竟我們不是毫無感情的機器人，但是既然選擇了這樣的工作，就要努力做好，只要運用有技巧的方法，就能幫助自己排除壞情緒，以平靜、快樂的心態來工作。

銷售現場

業務員：「對不起，我們的維修人員現在不在，要晚上才能回來。」

客戶：「你們的服務品質怎麼這麼差，買你們的冷氣機還真是倒楣。」

（或者：你們的冷氣機品質不好也就算了，售後服務還這麼差，真受不了，你要想辦法解決。
我們要退貨，用你們的冷氣機簡直太累了。）

錯誤的應對

❶ 我才覺得倒楣啊，從昨天下午到現在，我一直都在上班，要不是因為你們來，我現在就能回去睡覺了。
❷ 我的工作都快沒了，哪有什麼辦法！我把維修組的電話給你，你自己去找吧。
❸ 退貨？不可能，你們怎麼不幫我想想，因為要處理你們的抱怨，我現在還生病身體不舒服啊。

問題分析

業務員將生活中的瑣事帶到工作中，並加諸到客戶身上，是一種十分不理智的做法，俗話說「小不忍則亂大謀」。如果業務員總是將自己的情緒帶給客戶，難以忍受工作中的不順利，那麼就很難做好自己的本職工作。優秀的業務員總能理智地將個人與工作做區別，並以良好的態度迎接每一位客戶，這不僅因為他們有著更強的忍耐力，也因為他們有幫助自己消除壞情緒的好方法：

1·努力忘記那些讓你不開心的事

在生活中，經常有些人是因為想起過去的傷心事而鬱鬱寡歡，有些人卻能在別人看來並不樂觀的生活環境中活得快樂、知足，這是因為後者學會了遺忘。不管多麼煩惱的事，只要發生過了，它就已經過去了，與其想著它而翻來覆去地痛苦，不如就乾脆地忘掉它。時光不會倒流，無論是悔恨還是氣憤，都不能幫助你對過去做出任何改變，所以，不妨接受它，然後將它遺忘掉，會發現自己能夠輕鬆許多。

2・找知心好友傾訴

向人傾訴是消除負面情緒最有效的方法之一。如果覺得自己的情緒非常不穩，以至於無法專心工作，那麼可以抽出一些時間，找幾個自己的知心朋友，對他們發洩一下，傾吐你的苦水。有一句話說：「把痛苦與人分享，痛苦就會減半。」只要向別人傾訴了自己的心情，就能讓壞情緒減輕影響。如果你的朋友善於開導，那麼在傾訴一番之後，也許你的壞情緒就能全部煙消雲散了。

3・做有意義的事情

如果遇到一些煩心事無法排解，又找不到合適的朋友可以傾訴，那麼你可以做其他有意義的事來填補自己。例如抽空和家人一起去做個短期旅行、欣賞喜歡的電影，或是乾脆坐下來訂定一下你的工作計畫，讓自己忙碌起來。而如果能挑選一些較有難度的事情來做，並設法完成它，那麼效果更好，因為當你集中精力在一件事情上，那些不快樂也就不自覺被淡化掉了。

4・用幽默的角度反思

很多時候，人們的不快樂都是被自己擴大的，現狀越是不如人意，就越煩惱覺得沉重。其實決定心情好壞的只是你的心態而已，用積極的心態面對一切，那些煩惱就會逐一消失，當你遇到煩惱時，可以用正面設想的方式來解決，幫自己的情緒製造一些轉機，這往往能夠幫助你趕走壞情緒，讓心情和生活狀態產生好的化學變化。

你可以這樣做！

業務員：「對不起，我們的維修人員現在不在，要晚上才能回來。」

選擇一

客戶：「你們的服務品質怎麼這麼差，買你們的冷氣機還真是倒楣。」

業務員：「真是不好意思，本來您購買產品是為了放鬆，沒想到卻給您帶來了火氣。不過請放心，我們的維修人員都十分專業……」

選擇二

客戶：「你們的冷氣機品質不好也就算了，售後服務還這麼差，真受不了，你要想辦法解決。」

業務員：「真抱歉，耽誤您的時間了，不過我們的維修人員都是十分盡責的，我今天先幫您預約時間，他們明天就會親自到您的府上服務，您看這樣可以嗎？」

選擇三

客戶：「我們要退貨，用你們的冷氣機簡直太累了。」

業務員：「對於產品給您帶來的不便，先向您表示歉意，按照我們的合約標準，維修費用都會由我們承擔的，以後的所有檢修服務也是免費的，請您相信我們的專業維修人員……」

scene 29

學會暗示客戶，更要聽懂客戶暗示

情景說明

科學家經研究指出：人是唯一能夠接受暗示的動物。暗示和接受暗示也成為人們日常生活、工作、學習中不可缺少，習慣性的交流。暗示代表著含蓄、委婉，可以在一定程度上提高人們之間交流的有效性，在銷售行業中，暗示可以在兩方之中傳達互利資訊，在平靜中解決潛在的爭端，作用不可小視。所以，業務員學會在推銷時暗示客戶，並能準確分析出客戶的暗示是非常重要的基本能力。但是暗示也需要講究方法，正確地接收和送出暗示有助於業務員更好地展開工作，反之，則會給工作帶來阻礙。

銷售現場

業務員：「這款手機品質好、體積輕巧、易攜帶，不僅可以拍照、錄影，還有影音播放功能，可直接接電腦、印表機等數位產品，它的供應商是韓國通訊科技公司旗下的分公司……」

客戶：「我朋友以前有這樣的一款手機，但是現在他用××牌手機。」

（或者：我的朋友前陣子還賣掉這款手機。

我一個朋友拿著這台手機時被別人以為是玩具手機。）

錯誤的應對

❶ 哦，難道是這款手機不適合他嗎？

❷ 哦，是嗎？他不喜歡啊。

❸ 那也不錯啊，我們的產品可以帶來童趣感，回味一下童年也是不錯的。

問題分析

暗示是人類的一種語言形式，更是銷售行業中的一種慣用語言，如果業務員聽不懂客戶暗示，或是錯誤使用暗示，不僅會妨礙溝通的進行，還會給客戶留下不靈活的印象。我們說，一個不懂得透過暗示激發客戶購買欲望的業務員不是一個高明的業務員。那麼，如何才能在銷售過程中運用好暗示效果呢？我們需要注意以下所示幾點：

1·直接暗示客戶

直接暗示是指暗示者將事物的意義直接表達給受暗示的人，直接、明瞭地使對方迅速、沒有懷疑地接受。這種直接暗示法的運用最為簡單，也不容易出現誤解，還可以保證資訊傳遞的時效性。

例如你銷售的產品是一個環保保溫瓶，那麼向客戶介紹它的功能、外型、優點、CP值等，就屬於一種直接暗示，也就是直接刺激客戶的購買欲望，使他對你的環保保溫瓶產生興趣。雖然這種暗示安全性最高，但是形式過於普遍，缺點是過於頻繁地使用容易使客戶失去傾聽耐性。

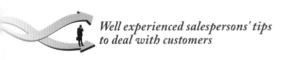

2・間接暗示客戶

間接暗示是指暗示者把事物的意義間接地展示給受暗示的人，使他在具有信賴感的資訊面前沒有懷疑地接受。仍以賣保溫瓶為例，如果向客戶介紹你的保溫瓶有很多人在使用，它是哪家著名的公司生產的，正在使用的客戶對保溫瓶的評價都很好，那麼這就屬於間接暗示。你所傳達的所有資訊無一不是依賴第三方的推薦在對客戶說：我的保溫瓶品質非常值得信賴。這種間接暗示不僅可以達到直接暗示的效果，還很容易引起客戶的興趣，也是不少業務員經常使用的一種暗示方法。

3・對客戶進行反暗示

反暗示是指暗示者用一種相反性質的暗示來激起受暗示者的反應。例如菸草製造商在菸盒上註名「吸菸有害健康」的警示標語，但是卻沒有制止人們購買香菸，反而會讓人們對菸草製造商產生更多的好感，而增加對香菸的購買。

同樣地，如果一再地介紹產品多麼的好，那麼客戶就有可能對產品品質產生懷疑，這也是一種反暗示效應。所以，與客戶交談時不要過於誇大產品，可以適當地使用反暗示。例如賣的是咖啡，你可以先向客戶表明喝過多的咖啡對身體有害處，但是這往往並不能制止客戶購買咖啡，反而還會激起他更大的興趣，這是人們的一種慣有心理。所以如果你的客戶對你的產品不太感興趣，你可以使用類似的反暗示來增加他的興趣 。

4・讀懂客戶的暗示

聰明的客戶也會使用暗示，不管是直接暗示、間接暗示、還是反暗示，都有可能成為他們與你討價還價的手段。

例如當客戶對你說：「你的產品款式太舊了」，但是你的產品明明款式很新，那麼客戶就是在使用間接暗示法，希望透過挑毛病的方式來讓你降低價錢。而如果你與客戶已經快要到了成交的地步，但是客戶突然對你說：「算了，不買了。」這就是一種反暗示，客戶希望用放棄購買的表現來讓你留住他，並為他做出優惠。所以如果你不能正確識別客戶購買中的這些暗示，就很有可能進入錯誤的模式，而使你的銷售利益受到損失。

你可以這樣做!

業務員：「這款手機品質好、體積輕巧、易攜帶，不僅可以拍照、錄影，還有影音播放功能，可直接接電腦、印表機等數位產品，它的供應商是韓國通訊科技公司旗下的分公司……」

選擇一

客戶：「我朋友以前有這樣的一款手機，但是現在他用××牌手機。」

業務員：「哦，是嗎？其實這兩款手機都是同屬韓國通訊科技公司的，無論從品質、設計等方面都是相當接近的。也許您的朋友更加喜歡那一牌手機。不過買手機還是要看個人喜好，不知道這款手機的外型、顏色您是否喜歡呢？」

選擇二

客戶：「我的朋友前陣子還賣掉這款手機。」

業務員：「是嗎？這款手機雖然比較小巧，但是非常耐摔，而且您購買的話還能得到我們限量贈送的手機袋喔……」

選擇三

客戶：「我一個朋友拿著這台手機被別人以為是玩具手機。」

業務員：「對，這款手機有七種顏色，顛覆了一般數位產品給人的沉重、鐵灰色的印象，現在很多像您這樣的年輕女孩都喜歡這款粉玫瑰色的喔，除了可愛也非常有氣質，現在只剩五組了。」

掌握客戶的疑慮，並且消除它

在購買產品的過程中，客戶難免會有很多的疑慮，這是每一個業務員必然會面對到的情況，但是並不是每一個人都能順利地抓住並解決客戶心中的疑慮。況且很多時候，客戶並不會將內心的疑慮透過語言表達出來，這就必須要業務員在與客戶溝通時，從客戶的每一個言行舉止中獲取資訊，盡可能地發現並掌握客戶疑慮，然後消除它。無論是掌握還是消除客戶疑慮，都需要運用有效的技巧，只要業務員能夠正確處理，就能化解客戶疑慮，而保證銷售工作之後的順利進行。

銷售現場

業務員：「現在流行的這種手工DIY組合櫃搬運方便，顏色鮮豔，可以根據您的喜好將它們隨意組合起來，能夠表現出您的個人風格，非常受歡迎。您覺得如何呢？」

客戶：「這，嗯……」

（或者：這種組合櫃看起來感覺不夠牢固。我還沒有決定好，我再考慮考慮吧）

錯誤的應對

❶ 哦，那一定是我沒有介紹清楚，您是不是不喜歡這個顏色，這裡還有漆成紅、藍、白、黑等很多種顏色可以挑，如果您的家庭擺設比較簡約，我建議您選擇黑色或者白色的……

❷ 怎麼會不牢固呢？這些材料屬於最新工藝的研發產品，非常耐磨、耐壓， 完全可以和木板媲美，而且不變形、不掉色，不易受潮……

❸ 哦，那好吧，那麼您先看看其他的櫃子吧。

問題分析

業務員不擅於察覺客戶的疑慮表現，銷售工作就難以順利展開，而錯誤察覺或是正確察覺之後若是使用不恰當的解決方式，也無法真正消除客戶的疑慮，還有可能給客戶帶來新的疑慮或是負面情緒。有經驗的業務員幾乎不會在工作中出現這些情況，因為他們善於洞察客戶疑慮，並有著正確的解決辦法：

1・揣摩客戶心理

很多時候，客戶內心的真正疑慮都不會透過語言說出來，而是藏在他們的眼神、行為、表情等肢體語言當中。所以在與客戶交流時，你不能只留意客戶說了什麼，還要特別注意客戶的舉止、表情、眼神的變化，其中往往能發現很多有用的資訊。如果你發現你的客戶在聽了介紹之後表現得眉頭深鎖、若有所思，那麼可能他的內心很猶豫，一定有什麼疑慮在困擾著他，此時你可以進一步地觀察他的眼神、動作，是他的眼神帶有不信任，還是他拿著別的產品仔細觀看，透過觀察，你可以直接判斷出客戶的一些疑慮或是確定某些疑慮的方向。

2．向客戶提問

如果在一番觀察、分析之後，仍然難以找到客戶的疑慮點，或者你對自己的判斷不夠確定，那麼不如直接向客戶提出你的疑問，例如：「您是否在哪些方面還有不清楚的地方？」或是「您對產品的款式還滿意嗎？」等等，如果客戶還有疑慮沒有消除，那麼他們一定不會放過這個機會提問。這樣開門見山的提問不僅可以節省時間和精力，也能避免因錯誤判斷而造成的話題偏離。

3．肯定客戶的疑慮

任何一位客戶都不希望銷售人員反駁自己，即便是自己真的有所誤解，也不會想當面承認。所以，在客戶提出疑慮或是你確認了對方疑慮之後，首先要做的不是解決，而是肯定。不管客戶的疑慮多有道理，還是太過主觀，首先都要給予他們肯定，委婉地對他們表示認同，這會讓他們感覺到你的確是站在他們的立場上考慮問題的。然後，再根據具體情況說出自己的觀點，消除他們的疑問。一般情況下可以使用這種回答模式：對於您的擔心我很理解……不過……。

4．利用專業知識消除客戶疑慮

任何產品都不可能十全十美，總會有些缺陷，解決客戶疑慮不是掩飾產品缺陷或故意把缺點說成優點，而是要透過理性的分析，向客戶表明產品對他們的價值和作用。如果客戶因為產品存在著某一方面的缺陷而顯得猶疑重重，你可以使用「轉移法」讓客戶注意產品的其他重點。例如，客戶發現你的登山背包材質太硬，就可以透過介紹產品的其他優點，例如承載重量大、堅固耐用、外形時尚等等，來淡化材質硬的缺點。

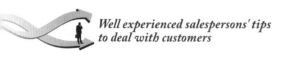

5・確認客戶疑慮是否解決

在解答過客戶的疑慮問題之後，不能馬上繼續展開下一步的銷售。因為你的解答不一定就讓客戶完全滿意，或是他們又想到了一些新的問題想問你，所以還需要確認一下，問客戶是否滿意你的回答，如果回答是肯定的，那麼就再繼續確認一下還有什麼疑慮，如果沒有，那麼再繼續你的介紹。總之，要耐心地解答所有的問題，這樣的做法會讓客戶覺得你是一個周到、細心的人，而更願意繼續與你交談下去。

你可以這樣做！

業務員：「現在流行的這種手工DIY組合櫃搬運方便，顏色鮮豔，可以根據您的喜好將它們隨意組合起來，能夠表現出您的個人風格，非常受歡迎。您覺得如何呢？」

選擇一

客戶：「這，嗯……」

業務員：「請問，您是不是還有什麼擔心或是不清楚的地方呢？都可以說出來，我會詳細地為您解答。」

選擇二

客戶：「這種組合櫃看起來感覺不夠牢固。」

業務員：「對，這種組合櫃乍看之下會覺得不太堅固，但是您不必擔心，組合櫃的材料是一種最新工藝研發的材料，本質不厚，但是卻非常耐磨、耐壓，幾乎不會變形，特別是它還有防潮的功能，比一般實木櫃用起來更簡單、方便移動。」

選擇三

客戶：「我還沒有決定好，我再考慮考慮吧。」

業務員：「那麼您是對產品有什麼不滿意的地方嗎？是顏色，款式，還是其他方面呢？」

scene 31

不同客戶，溝通方法不同

作為專業的業務員，就避免不了會接觸到形形色色的人。俗話說：一種米養百樣人。你不可能用千年不變的招式去面對各種類型的客戶，無論是少言寡語的、愛表現的、性子急的，還是不同年紀的等等，都各有他們喜歡受到對待的方式。而一個成功的業務員，要學會的是有區別性的對待、服務客戶。當你面對到不同的客戶，就要運用不同的溝通技巧，做到對症下藥、「見什麼人說什麼話」，是讓你的行銷過程順利進行的前提，也是提升你的銷售業績和效率的關鍵一步。

銷 售 現 場

業務員：「小姐您好，這是我們新上市的身體乳液。」

客戶：「你們這裡都是抗過敏的乳液嗎？」

業務員：「是的，如果您對一般市面上的護膚乳液都會過敏，那麼選擇這一區的乳液就完全不會有過敏的問題。」

客戶：「是嗎？但是我的皮膚相當敏感，一旦過敏就會發紅發癢。」

業務員：「是的沒問題。我們這裡的產品都是經由高科技提煉出來的純植物型產品，不含任何香精和化學藥劑，對您的敏感性肌膚應該是完全能適用的。請問您想要哪種功能的乳液呢？」

客戶：「那有沒有比較好的防曬乳？最好是比較滋潤又能抗過敏的那種。」

業務員：「這裡有一款，非常滋潤又好吸收，而且防曬效果很好，防曬時間也比較長。」

客戶：「這個絕對不會過敏嗎？」

業務員：「對。這些都是純植物產品，非常適合敏感肌膚。」

客戶：「但是我的皮膚真的很容易過敏。」

業務員：「不會的。純植物產品都是特別為過敏人專門提煉的。對您來說也不會有問題的。」

客戶：「可是我還是擔心擦了會過敏。」

（或者：但是我以前也用過植物型的防曬乳，還是不行。那萬一我擦了你們的產品過敏了要怎麼辦？）

錯誤的應對

❶ 怎麼可能？！我們還沒有遇過使用抗過敏產品的顧客來反應過敏的。

❷ 如果您認為連這種抗過敏防曬乳也不行的話，那麼就很難找到適合您的防曬產品了。

❸ 小姐您都不相信的話我也沒辦法，請您去其他地方看看有沒有適合的乳液了。

問題分析

為什麼業務員的產品明明不錯，但就是沒辦法順利賣給客戶？歸根究底就是業務員沒有根據客戶的個人特色，進行針對性的說服。業務員若是想只用一套說辭就能俘虜所有客戶的心的話，那麼在此之前他的業績就會先掉得一塌糊塗。業務員只有做到反應靈敏、見風轉舵，才能在每個客戶面前都如魚得水，遊刃有餘。

1・面對固執型客戶，找到他固執的原因

業務員總會遇到這樣的一種客戶：他們對待各種問題都有自己的觀點，並且這種觀點是根深蒂固的。不論業務員怎麼解釋，怎麼說服，都很難改變他們原先的看法。我們說固執的人一般都是剛愎自用的，面對固執型的客戶，業務員首先必須要做到的就是找出他們固執的原因，這樣才能對症下藥，讓固執型的客戶也甘心成為我們的買家。

（1）順著他的性子，找到原因

固執的客戶總會有自己固執的原因，可能是天性使然，也可能是對某些問題始終存在著成見，無論他是哪種類型，業務員都首先要找到客戶對產品質疑的原因。要做到這點，業務員必須先耐心傾聽，給客戶充分的時間說話。如果你發現了客戶固執的原因，那麼恭喜你，你的銷售進展已經向成功走近了一步。只要找到了原因，我們就不會像無頭蒼蠅一樣到處亂竄而不得要領。知道了原因，總會有解決的方法。

（2）事實勝於雄辯

固執型客戶另一個最大的特色就是有著很強的防備心理。即便你已經是費盡了唇舌，但是客戶對你依舊是抱著懷疑的態度。這時，有些業務員可能就會知難而退，選擇放棄，但是放棄就等於失去機會。雖然說服固執型的客戶有一定的難度，但是優秀的業務員也能夠做到讓他們服服貼貼的。

事實勝於雄辯，當客戶質疑你的說辭時，採取用事實說話的方式就能輕鬆且有效的讓他信服。你可以把事實擺在客戶面前或是借助權威人士的觀點。在事實面前，客戶很容易就會妥協，再加上權威人士的言論，客戶固執已見的觀點很可能就會隨之動搖。

（3）給他一個肯定的微笑

固執型的客戶為什麼老是堅持自己的觀點，很大一部分來說，原因就在於有時他的觀點並不是完全是錯誤的，有一定的可取之處。所以業務員要從客戶的言論之中提出有利於自己銷售的部分，適時地給予客戶肯定，因為每個人都不會拒絕誇獎和肯定，客戶也不例外。

肯定的作用在於增進業務員與客戶的和諧關係。如果業務員善於透過肯定的談話處理自己與客戶之間的問題，就能大大增加銷售成功的機會。而這需要業務員始終保持著對客戶的尊重，並分析、觀察客戶的言行。

2．面對多話型客戶，就借他一雙耳朵

在銷售過程中，業務員難免會接觸到話比較多的客戶，我們偶爾也稱之為「搞威」（台語：多話）型客戶。碰到多話愛聊天的客戶時，業務員就需要特別掌控住與其談話的目的，不要過多地讓談話內容周旋於無關緊要的話題。所以業務員在談話之中要儘量抓到主導權，排除一些沒有必要的干擾因素，從而保證銷售過程的順利進行。

（1）傾聽時「左耳進，右耳出」

在其他人眼裡毫不重要的小事都能成為多話型客戶的聊天主題，面對如此嘮叨的客戶，業務員最正確無疑的做法就是傾聽。然而大多數時候，這些人的話經常都在重複，聽完了長篇大論之後，通常會發現只有

幾句話有價值，因此業務員不必過於在乎客戶的話，不必每句話都回應。那些無關緊要的話，業務員完全可以在交談之中將其過濾掉。

（2）傾聽時記得留一顆心

上面我們說的「左耳進，右耳出」，並不是就是說要完全忽略掉多話型客戶的發言，因為善於說話的客戶也往往會傳遞更多的訊息。例如在購買傢俱時，多話型的顧客可能會有意無意的提及一些家裡裝潢的資訊；購買衣服的時候，他們可能會說一些流行趨勢或個人喜好。如果業務員在傾聽時留一顆心，那麼就會在言談之間發現客戶的愛好，這樣順勢投其所好，你成交的機率就會大大提高。

多話型的客戶在購買產品時總會提出很多問題，面對這些問題，業務員一定要耐下心來，仔細回答。他的提問越多，證明他對你的產品越感興趣，只要給客戶滿意的回覆，成交也就水到渠成了。因此，在與多話型顧客的對話中，業務員就需要及時過濾對方的談話資訊，並找出其中對自己的銷售有幫助的部分，做到善於傾聽，仔細思考。這樣一來，業務員不僅豐富了自己的知識，也能與客戶進一步地交流，而增加銷售成功的機會。

3・面對寡言型客戶，幫他打開話匣子

很多業務員在碰到寡言型客戶的時候，往往都束手無策，不知道該如何開口。因為這類客戶習慣保留自己的意見，所以，業務員較難以從客戶身上得到相關資訊，也就無法掌握住他們的心理。那麼，想要從寡言型客戶那裡獲得足夠的資訊，業務員應該怎麼做呢？

（1）察言觀色

業務員在面對寡言型客戶的時候，也許不能從有聲語言當中獲得有

效資訊，但是可以從動作、表情、眼神等肢體動作中揣摩客戶的心理。

透過對客戶肢體語言的觀察，業務員可以得知其購買意向的相關資訊。所以當業務員面對的是不善於言談的客戶，就要透過他的動作、神態等推斷他的心理，例如眼神對產品的停留或是腳步的逗留，所傳達出的就是客戶對你的產品很感興趣，這時你就應該抓住時機，向客戶介紹你的產品。善於觀察，在細微之處發現客戶的心理，是接待寡言型客戶的最好辦法。

（2）拋磚引玉，讓客戶開口

有些人天生內向，面對不熟的人不知道怎樣開口，或說什麼話。如果業務員遇到寡言型的客戶，單純只依靠肢體語言有時也無法準確掌握其心理，甚至還可能造成誤會。所以說，業務員不僅要會觀察，還要知道如何讓客戶開口。

想要讓寡言型客戶開口說話，就要求業務員具備良好的溝通能力。一般來說，業務員應該在客戶瀏覽產品的時候，適時地就問幾個問題。例如：「您想要看看什麼類型的產品呢？」、「您以前使用的是什麼牌子？」等等。透過這些小問題就可以得知客戶使用此類產品的基本資訊。總之，業務員就是要想辦法讓客戶多說話，一旦增加了與客戶的交流，就會從客戶身上發現對銷售有利的更多資訊，這樣一來，成交也就容易多了。

（3）營造和諧的談話氣氛

一般來說，寡言型的客戶不喜歡喋喋不休的業務員。所以，在與寡言型客戶交流時，業務員要迎合客戶的談話習慣，適應他們的談話方式，像是客戶在選購產品時，業務員最好不要滔滔不絕地進行介紹，而是多觀察客戶的肢體語言和所說的話，當客戶有疑問時，適時地回答就足夠了，滔滔不絕的長篇大論可能嚇跑寡言型的客戶。

4．面對「萬事通」型客戶，要有更專業、更豐富的知識

一般來說，業務員有著比客戶更豐富的產品知識，但是也不乏這樣的客戶，他們對所要購買的產品有著深入的瞭解，甚至對產品的相關知識也能分析得頭頭是道。這樣的客戶所提出的問題往往更加犀利，讓業務員也更加難以回答。如果你的回答稍顯生澀，他就會認為：「對於產品知識，你知道還沒有我多。」一旦客戶對你產生這樣的想法，即便你的產品再好，也阻止不了客戶轉身離開。

那麼業務員應該怎樣面對這種「萬事通」的客戶呢？

（1）面面俱到，瞭解產品的相關知識

基本的產品知識，是每個客戶在購買產品前需要瞭解的。所以業務員要瞭解其所售產品的相關知識，以便提供給客戶更好的服務。尤其是與「萬事通」型客戶交談時，一旦業務員出現錯誤，不但自己尷尬，也會影響銷售結果。

要做到瞭解產品的相關知識，業務員就必須做到不斷累積所售產品的知識。有些業務員認為客戶的提問太過刁鑽，或是公司沒有做過專業的培訓，但這些都不能成為業務員不足夠瞭解產品的藉口。只有面對客戶的各種疑問能對答如流，業務員才能使銷售過程順利進行。

（2）掌握產品的基本特徵

即使知道得再多，「萬事通」型的客戶也不可能知道產品的從頭至尾。如果業務員能夠針對產品給予客戶足夠的介紹，不僅能使客戶對產品有一個全面的認識，也能增加客戶對業務員的信任。

關於產品的基本特徵，業務員最起碼要做到以下瞭解：

✦ 品牌價值：

品牌價值是客戶購物時首先注意到的部分，客戶往往更青睞具有影響力的產品。

✦ 產品名稱：

產品名稱往往有著特殊含義，其中大都隱喻著產品的基本特徵或是相關優勢。

✦ 產品技術：

產品的技術是指產品採用的技術特徵，其中還包括一些相關的技術原理。

✦ 產品的物理特徵：

產品的材質、顏色、包裝、型號、規格等。

✦ CP值：

衡量產品的CP值已經成為客戶判斷產品好壞的新方式。

✦ 產品優勢：

與其他的同類產品相比，本產品所具有的獨特優勢。

✦ 服務：

售後服務及銷售過程中獨特的貼心攻勢。

你可以這樣做!

業務員：「不會的，純植物產品都是特別為過敏人專門提煉的。對您來說也不會有問題的。」

選擇一

客戶：「可是我還是擔心擦了會過敏。」

業務員：「不會的。我們的抗過敏產品都有經過醫藥界認證，現在也有很多過敏患者指定使用我們的品牌，您可以放心試試。」

選擇二

客戶：「但是我以前也用過植物型的防曬乳，還是不行。」

業務員：「雖然都是植物提煉的防曬乳，但是內含的刺激物質還是有差別的，我們的產品既然主打抗過敏，那麼對皮膚的刺激相對來說就會相當少，這是我們的產品說明書，小姐可以參考看看。」

選擇三

客戶：「那萬一我擦了你們的產品過敏了，該怎麼辦？」

業務員：「如果小姐您真的很擔心，不妨帶著我們產品的成份資料去讓皮膚科醫生診斷看看您能不能夠使用，這樣您也能夠放心且安心地使用。」

Chapter 4

引導成交

～如何讓客戶掏出錢來

scene 32 與客戶交談許久，但客戶仍然遲遲不購買

情景說明

在與客戶進行多次溝通後，對方仍然不願意做出購買決定，這是很多業務員都曾遇過的狀況。面對這樣的情況，不少業務員都會覺得頭痛，不知如何是好，但是客戶就是客戶，你不能控制他的思考模式，也無權為他做出決定。如果堅持說服客戶購買，那麼風險性必然很高，很有可能使前面的努力付之一炬，但是你還是可以透過一些方法來促使他做出成交決定而不傷感情，這就是我們說的銷售技巧的重要性。只要方法有效，就能幫助你不露聲色地拿下訂單。

銷售現場

業務員：「我們已經談了這麼多，想必您對這款高畫質3D超薄液晶電視一定也瞭解得差不多了，還有什麼不清楚的地方嗎？」

客戶：「沒有什麼要問的了，不過我想再看看別家。」

（或者：沒有，不過我現在還不能決定要不要買，你可以明天打電話過來，我再告訴你我的決定。）

❶ 您還有什麼不清楚的地方嗎？每一個問題我都替您解答過了，哪裡還覺得不滿意？能說說看嗎？

❷ 哦，那好吧，我明天再打給您。

問題分析

當下強迫客戶做出決定，會讓對方產生反感，但是如果你輕易放棄眼前的成交機會，也不是一個明智的選擇。業務員想要留住客戶，讓他做出成交決定，又不會對你產生反感，這就需要一些有效方法，主要介紹以下幾種：

1・壓迫戰術

這是不少業務員都會用到的一種成交方法，就是在一定的範圍內給客戶製造壓力，迫使客戶迅速做出成交決定。無可厚非，這種方法在很多時候都會產生效果，例如你可以對你的客戶說你的產品即將賣完，或是目前市面上貨源短缺等等，像是：「我們的這款產品賣完就沒有了，以後還不知道會不會生產呢」、「這款產品只剩下最後這一套了」等。只要你製造的壓迫感具有足夠真實性，並在客戶可以接受的範圍之內，那麼多數客戶都不會令你失望。

2・假定成交法

假定成交法是指銷售人員在客戶還沒有做出成交決定之前，先假定與客戶成交之後的情景，來促使客戶做出成交決定的做法。這種做法往往會給客戶心理形成一種無形的影響力和牽動力，讓客戶朝著成交的方向做出思考，如果業務員的言語使用恰當，那麼往往可以很快讓客戶做出決定。

如果你的客戶再三拖延成交，那麼你可以用「如果成交的話，您想要選擇哪種付款方式？」、「如果我們現在簽訂合約，您是否希望馬上到貨？」等假設性的語句來反問客戶，而這樣的提問會讓客戶迅速進入你假設的情境之中，使他做出有利於成交的思考。

另外，還可以使用另一種成功率更高的假設法，也就是必須讓客戶在你的產品之中做出選擇。如果你是一個販賣領帶的業務員，就可以直接拿幾種適合他的領帶，然後對他說：「這些領帶裡面，您比較喜歡哪幾條呢？」那麼客戶很可能就會從中選上幾條買單。

3·折衷成交法

如果你消除了客戶所有的異議，但是客戶仍然不願意買單，那麼你可以考慮在保證利益的前提下做出一些妥協，以可以滿足雙方利益的方式來尋求合作。想要透過這種方式實現成交，首先需要營造一個良好的溝通氛圍，讓客戶願意耐著性子聽你的意見。只要你能客觀地為客戶做出利他的分析，在保證自我利益的同時也照顧到客戶的利益，那麼相信任何一位客戶都不會拒絕這種好事。

客戶遲遲不願做出成交決定的情況很常見，原因也很多樣。如果業務員能夠靈活運用以上的方法，就能顯著提高成交速度，但若是客戶仍然執意不購買，也不要灰心，耐心和恆心是業務員最需要的基本態度，只要不放棄，最終會在另一位客戶上獲得成功的。

你可以這樣做!

業務員：「我們已經談了這麼多，想必您對這款高畫質3D超薄液晶電視一定也瞭解得差不多了，還有什麼不清楚的地方嗎？」

選擇一

客戶：「也沒有什麼要問的了，不過我想再看看別家。」

業務員：「先生說的沒錯，現在3D液晶電視雖然這陣子才剛上市不便宜，但是買了也是要用好幾年的，所以仔細看看跟比較是必要的，但是我想問您是否有什麼地方沒有幫您介紹清楚，都可以說出來，我會盡所能地幫您解答。」

選擇二

客戶：「沒有，不過我現在還不能決定要不要買，你明天可以打電話過來，我再告訴你我的決定。」

業務員：「哦，是這樣啊，先生真是一位思考很周慮的人，我想請問您一下，您是否也同時在考慮其他品牌的3D液晶電視呢？」

你送的贈品，客戶不感興趣

對於購買時得到的贈品，有些客戶並不感興趣，對此，業務員們也往往很少會重視這個細節，多會認為客戶買的是產品，而贈品客戶感不感興趣都無所謂，並不會對銷售造成什麼影響。但其實不然，送贈品的部分其實也是促成交易的一個細節，如果贈品無法讓客戶滿意，就有可能造成影響無法成交，甚至失去客戶信任，有些業務員交易失敗就是因為這個問題。因此碰到客戶對贈品不感興趣的情況，業務員一定要注意，並儘量找出替代方法解決它。

銷售現場

業務員：「小姐，非常榮幸貴公司能成為我們的客戶，這是贈送的真絲絲巾，送給您，希望我們合作愉快。」

客戶：「絲巾？我已經有很多了。」

（或者：又是絲巾，我對這種東西不感興趣。我很少佩戴絲巾，還是算了吧。）

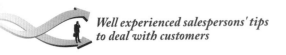

錯誤的應對

❶ 沒關係，種類多一些，就能多方搭配呀，您就收下吧。
❷ 是嗎？那好吧。下次再送您比較特別的吧。
❸ 絲巾很好啊，您怎麼會不喜歡呢？

問題分析

對於送禮環節不夠重視，習慣直接、例行公事般的應付，這是不少業務員的通病，其實這很容易對最後的交易結果造成負面影響。那些聰明的業務員會注意銷售中的每一個環節，全方位地照顧到客戶的感受，即便是贈送禮品時也不例外：

1．為禮品做精心包裝

有些業務員在送出禮品時往往忽略這個細節，其實禮品和產品一樣，在客戶心目中的第一印象非常重要，有些客戶之所以會拒絕禮品，一部分就是因為禮品的包裝過於簡單，樸素，客戶看到就沒有興趣，怎麼能為你或公司加分呢？「人要衣裝，佛要金裝。」所謂的禮品，同樣也要有件漂亮的外衣，將禮品做一番精心的包裝，讓這份心意看起來更加精緻有品味，就能進一步提高禮品的質感。看到包裝精美的產品，不僅會讓客戶眼前一亮的感覺，也會對你的精心準備印象深刻。

2．讓客戶知道禮品的價值

通常客戶會認為贈品價值不高，對自己可有可無，甚至覺得是便宜貨，品質不好，才作為禮品來贈送。但是優秀的銷售人員都知道，如果送出的禮品品質過差，等於是砸自己的招牌。凡是要送給客戶的禮品，都要好好的思考一下，如果你的禮品的確品質好，但是加上精美的包裝還是不能讓客戶滿意，那麼可能就遇上了比較挑剔的客戶。這時，就要拿出業務員的殺手鐧，向對方介紹禮品的來龍去脈，讓他認識到這份禮品的與眾不同。在介紹時，如果你能將此與知名人物或是商界大亨連結起來，那麼就會為禮品增色不少，使客戶對你送的禮品深具期待。

3・根據客戶喜好送禮品

雖然客戶代表的是公司，但是禮品卻是送給他個人。所以對客戶送出的禮品，一定要符合客戶的特色，如果客戶是一個比較實際的人，你送出的禮品就要儘量滿足客戶的需求，例如送一些實惠的會員卡或是購物折價券就能贏得客戶的喜愛。另外，在送禮品前，也要確定客戶的興趣愛好，如果客戶喜歡運動，不妨送他一些運動器材，讓他覺得你對他的興趣很清楚，就能快速拉近你與客戶的關係，使他印象深刻。

總之，送禮的目的就是為了在向客戶表達感謝的同時，鞏固與加強兩方的關係，甚至能對公司及你個人進行廣告宣傳，所以禮品的選擇要謹慎，要全面照顧到客戶的需求和個人特色。如果禮品的選擇沒有問題，業務員還要注意到贈送禮品的整個溝通過程，不要忽略每一個細節，加深禮品贈送的正面有效性。

業務員：「小姐，非常榮幸貴公司能成為我們的客戶，這是贈送的真絲絲巾，送給您，希望我們合作愉快。」

選擇一

客戶：「絲巾？我已經有很多了。」

業務員：「真的呀！一看您就是一位有品味的女性，您今天佩戴的絲巾就很漂亮呢，表現出您優雅幹練的職場氣質。不過如果您真的看到這款絲巾的樣子，您一定會愛不釋手的。聽說過您很喜歡日本京都，這款絲巾的圖案就是取材自那裡的風景，顏色是淡粉色的，與您的淡雅氣質很相配。」

選擇二

客戶：「又是絲巾，我對這種東西不感興趣，一點也不實用。」

業務員：「您真是務實呢，不然這樣好了，我們公司正好推出了一套VIP折扣卡，今天我剛好帶來了兩張，送給您，憑這張卡，您可以在國內所有我們產品的直營店享受七折優惠，怎麼樣呢？」

選擇三

客戶：「我很少佩戴絲巾，還是算了吧。」

業務員：「一看小姐就是位非常有氣質的女性，如果能戴上一條適合的絲巾，就會顯得更加典雅呢，這條絲巾是知名專櫃的最新款式，遠銷歐美，質感非常好，花色是中國傳統的水墨畫，這在國外相當受歡迎⋯⋯」

scene 34

選擇適當時機報價，拉高成交機率

報價是銷售過程中的一個重要環節，如何報價，何時報價，是決定銷售成敗的重要關鍵。如果銷售人員報價工作做得不適時，不恰當，就有可能招致客戶負面觀感而妨礙交易，即便真的成交了，產品也不見得就能賣出好價錢。不少業務員銷售失敗或無法獲利，往往都是在報價上出現了問題，所以想要圓滿地完成交易，業務員必須學會掌握時機。報價是成交的前提，但是並不是簡單地說出商品數字而已，只有掌握正確的報價技巧，才能真正地達成成功交易。

銷售現場

業務員：「您聽了我的介紹，對我們的產品一定有一個比較清楚的瞭解了，那麼關於音響的性能方面，您還有什麼問題嗎？」

客戶：「沒有了，不過這套家庭劇院音響組怎麼價格這麼貴？」

（或者：比較清楚了，不過這套家庭劇院音響組要賣多少呢？）

錯誤的應對

❶ 因為我們的產品品質好，所以價格比較高，這樣的一套家庭劇院音響設備的價格是52000元，公定價。

❷ 52000元，雖然您還沒有親自試用，但是從剛才我對產品性能的介紹中，您也一定能看出它絕對有這個價值，現在您來親自試聽看看吧。

問題分析

在銷售中，無論是報價時機還是報價方式，都會直接影響到最終的下單結果。學會在最合適的時間、用最正確的方式報價，是每個業務員拿下訂單的必備技能。

1・在成熟階段報價

每個業務員都知道，在與客戶溝通的初期，客戶對價格的敏感度很高，特別是那些價格相對較高的產品。這是因為，在初期客戶的購買熱情還比較低，對產品也不甚瞭解，如果過早的被告知產品價格，他們往往不能準確的衡量出產品的CP值、判斷出值不值得，就很有可能澆熄客戶的購買熱情，可見，過早報價往往是促使客戶更快離開的原因。

正確的報價時間應該是在銷售工作進入成熟的階段以後，也就是在銷售成熟期報價。所謂的銷售成熟期是指客戶對產品有了較為充分的認識，業務員對客戶也做了較充分的介紹。在這個時候，客戶的購買熱情高漲，對產品CP值的衡量感比較準確，能夠從較為理性的角度思考產品價格是否合理。業務員若抓準這時期報價，往往能更容易被客戶接受，如果價格相對合理，客戶討價還價的可能性也會減少。所以，業務員最好等客戶對產品有了一定程度的瞭解和較大的購買熱情之後再進行報價，如果客戶在一開始就問到產品價格，業務員可以說一個較模糊、有商討性的價格。

2．不要在一開始就報價過低

為了能儘快贏得客戶的好感，有一些業務員在報價時會說一個相對較低的價錢，希望客戶可以因此動心，但是事與願違，即便這樣客戶還是都要討價還價，對著價格展開一番爭論，這也讓這些業務員們進退兩難，認為客戶不知足。但其實錯誤並不在客戶身上，因為在客戶看來，認為業務員第一次開出的價格必定留有不少空間，還有很多可以砍價的機會。所以無論你的首次報價有多吸引人，客戶都會覺得還有降價的餘地。所以如果報價過低，不是客戶殺價失敗而憤然離去，就是業務員賣低了產品價格，賠本賺勞力。所以在第一次報價時，業務員一定要留下預定的價格空間，為接下來與客戶的討價還價做好鋪陳，即便是想「薄利多銷」，也要先為自己留下餘裕。

3．適當地讓客戶出價

業務員往往會有這樣的一種心態：我是賣產品的，那只有我才有報價的權利，客戶只能和我討論價格。乍看之下，銷售工作的確是如此，但是只要稍微思考一下，就會發現銷售工作是一個雙贏的過程，客戶和業務員在價格問題上都有著決定權，業務員單方面的出價，不一定能滿足客戶自己本身的價格要求，但如果單靠業務員的說服，客戶就會覺得自己過於弱勢，購買心理受到的限制越多，效果也越不一定好。因此如果客戶對產品價格不滿意，除了說服之外，適當地讓客戶出價也是非常重要的一環。這樣一來，不僅能改變客戶覺得自己過於被動的心理感受，能增加他的主動性，也能在雙方提出的價格基礎上進行討論，形成相互交流的互動氣氛，最後得出一個較為折衷的解決方案，成交時的氣氛也會比較和諧。

在讓客戶出價時，業務員可以事先給定他一個模糊的價格範圍，例如「這樣的產品市面上的價格一般都在五萬到十一、二萬元之間，不過我們的產品價格相對要好一些，相信在剛才的介紹中您也有所瞭解。」，然後等待客戶報價。有了價格的範圍，客戶就會遵循這個尺度，不會亂出價，也能保證你工作的順利進行。

你可以這樣做!

業務員：「您聽了我的介紹，對我們的產品一定有一個比較清楚的瞭解了，那麼關於音響的性能方面，您還有什麼問題嗎？」

選擇一

客戶：「沒有了，不過這套家庭劇院音響組怎麼價格這麼貴？」

業務員：「一分錢一分貨啊，產品品質不同啊。這樣功能齊全的音響設備在市場上一般都是七萬元以上，那麼您出個價錢如何呢？我們的產品品質好，所以價格比較高，這樣一套的價格是52000元，公定價。」

選擇二

客戶：「沒有了，不過它的價錢是多少？」

業務員：「52000元，產品品質好，價格比其他同類產品稍微高了一些，但是產品的性能可是無與倫比的呢！」

選擇三

客戶：「比較清楚了，不過你還沒有說這組要賣多少呢？」

業務員：「這個問題我待會要說到了，不過在這之前，我希望您能先試試，聽聽這套音響設備的效果如何。」

利用促銷，達成快速成交

情景說明

產品做特賣或促銷是一種很有效的銷售手法，它往往能在短時間內激起客戶的購買欲望，達成快速銷售的目的。對業務員來說，促銷是一個提高銷售業績的大好機會，如果業務員在公司促銷產品的期間能夠再加強口才技巧，就能更顯著地提高業績。

銷售現場

業務員：「這套阿基師代言的廚具組現在正在特價，比原價便宜了將近500元，現在買很划算啊。」

客戶：「是嗎？可是便宜500元之後，還是很貴啊。」

（或者：我想再看看其他牌子的，這套廚具組特價到什麼時候？現在特價的廚具還有別的嗎？）

錯誤的應對

1. 一分錢一分貨，別光嫌貴，您要看品質才對。
2. 這禮拜都特價，您週末之前來都可以。

問題分析

如果只有好的促銷方案，卻沒有口才好的銷售人員，對產品成交量也不會有正面影響，所以即便是產品正在做促銷，業務員也要注重技巧的提昇，只有將銷售技巧和促銷方案做有效結合，業績才能顯著提高。

1．使用限制供應策略

前文我們曾對客戶心理做了仔細的分析，任何一個客戶或多或少都有佔便宜的心理，客戶購買促銷產品其實就是最明顯的例子，多數情況是他們知道促銷活動在結束的時候，產品還是會恢復到原價，所以如果不能在促銷時段購買商品，那麼對他們來說就是一種損失。因此，在向客戶推銷產品時，業務員可以抓住客戶的這種心理與其溝通。

- 如果客戶問促銷何時結束，你可以告訴他：「促銷產品有限，馬上就要賣完了。」或是「期限過了就會恢復原價。」，給客戶製造一種限制供應的表相，這樣在他心裡就會形成一種壓迫感，而能夠促使他較快地做出成交決定。
- 很多促銷產品都會在海報上標示活動日期，當客戶看到如果距離結束還有一段時間，客戶通常不會馬上購買，此時業務員就要對客戶這樣說：「這款產品自從做促銷之後一直很熱賣，雖然活動截止日期是本月二十日，但現在已經沒多少存貨了。」

2．建議客戶在漲價之前購買

面對促銷產品，有些客戶可能不會為了價格而動心，所以對於這樣的客戶，僅僅以價格來作為說服依據，往往不夠有說服力。如果遇到了這樣的客戶，除了要向他們介紹產品的價格和品質以外，還要計算CP值給他們看，讓他們知道產品的CP值在促銷時和恢復原價後的差距有多大，讓客戶知道在產品恢復原價前購買產品是多麼地划算。

3．讓客戶覺得機會難得，而且產品獨特

俗話說：「物以稀為貴」。獨特或不容易取得的產品往往更容易得到客戶的青睞。從產品身上找到獨特性很容易，但是這種獨特性是否能吸引客戶並讓其心動就不一定了，所以你必須從特殊的角度來定義產品的獨特性，促銷產品往往更不容易顯現出它的獨特性，因此你可以告訴客戶產品很少促銷或是以後可能不會再做促銷，這樣就能很好地定義產品的獨特性，讓客戶認識到眼前的產品做促銷是很難得的情況，非常值得把握而做出購買決定。

業務員：「這套阿基師代言的廚具組現在正在特價，比原價便宜了將近500元，現在買很划算啊。」

選擇一

客戶：「是嗎？可是便宜500元之後，還是很貴啊。」

業務員：「其實只要計算一下CP值，您就會發現這套組合真的很划算，在降價前也有不少客戶指定要買這套組合，就是因為它品質好又划算。這次做特價也很難得，可能是這套產品唯一的一次降價。」

選擇二

客戶：「我想再看看其他牌子的，這套廚具組特價到什麼時候？」

業務員：「這個活動到這個週末結束，但是數量是有限的，這次的降價幅度比較大，而且產品品質又非常好，所以賣得很快，現在已經快沒貨了，建議您還是儘快做出決定，要不然也許今天就賣完了，您錯過了這麼好的機會會很可惜。」

選擇三

客戶：「現在促銷的廚具組有幾種？」

業務員：「還有另外兩種，但是我為您介紹的這套廚房組合是降價幅度最大的，雖然價格高了一點，可是CP值高，比剛才那兩套要划算得多了。」

告訴客戶產品的暢銷情況，吸引他注意

情景說明

在介紹產品時，業務員難免都會遇到客戶對產品不感興趣的情況，在這種時候，業務員一般會採取介紹產品優點或額外送贈品的方式，以此來提高客戶對產品的注意度，在多數情況下，這些方法往往會奏效。但是對於有些客戶來說，僅僅向他介紹產品優點和使出「小誘惑」並不一定能讓他對產品產生足夠的興趣。因此，業務員還有一種可以吸引客戶注意的方法，那就是向客戶說明產品的暢銷情況。產品暢銷代表被客戶認可，可以間接證明產品的品質、口碑等，這種介紹方式效果也很不錯。

銷售現場

業務員：「聽了這麼多介紹，您對這組紅外線照護燈一定也有不少瞭解了吧。」

客戶：「嗯，不過你們的品牌我沒聽說過。」

（或者：嗯，不過我身邊的人都沒有用過這個牌子的產品。是不錯，但是我不太感興趣。）

錯誤的應對

❶ 不會吧？沒聽過嗎？我們的品牌創立於1985年，是很有名氣的，如果您不相信可以上網查查。

❷ 怎麼會呢？我身邊不少朋友都有準備這個品牌的照護燈，都說非常實用。

❸ 這麼好的產品您怎麼會不感興趣呢？其實這種照護燈真的非常好，剛才我也介紹過了它的功能和特色……買它肯定沒錯的。

問題分析

透過向客戶介紹產品的暢銷情況來增加產品的吸引力，是一種有效的銷售方法，但是在現實銷售中有不少業務員都忽略了這方面的影響，其實作為一種現實的回饋，產品的熱賣往往比產品本身的優點更具有說服力。所以，業務員在向客戶介紹產品時，千萬不要忘記介紹產品的暢銷情況。產品的暢銷包括幾個方面，業務員可以以下方式來為客戶做介紹：

1．讓客戶知道產品的累積銷售量

產品的累積銷售量具有強大的說服力，例如同時向客戶介紹一個累積銷售量十萬件的產品和一個累積銷售量為一萬件的產品，試想哪個更能得到客戶的青睞呢？結果當然是前者。因為十萬件的事實銷售量更能讓客戶對產品產生信賴感，很多時候比業務員費盡口舌更管用，所謂「事實勝於雄辯」，就是這個道理。所以，如果產品上市已久，且市場表現良好，那麼你可以先讓客戶知道產品的累積銷售量，使他對你的產品產生信賴感。

2・讓客戶看到其他客戶對產品的回饋情況

客戶對產品的回饋情況，也常常作為一種證明產品信譽、口碑、品質的事實依據。所以，這也是為什麼有些產品會特別註明「獲得了無數消費者的信任」的原因。可見，消費者對產品的回饋和評價，對產品本身來說加了非常多分。所以當你向客戶介紹產品時，務必要向客戶出示其他消費者對產品的回饋和評價表，如果回饋內容可以細化到客戶的年齡、職業、對產品的好評留言，那麼效果會更好。這些不僅可以從旁顯示出產品的暢銷情況，同時也間接說明了產品的適用年齡、性別廣度，可以說是一種很有效的產品介紹方式。

3・為客戶展示一些「證據」

如果某種產品非常暢銷，那麼通常會引起某些媒體或是機構的注意，例如有些媒體會及時報導此事，或者有些調查機構會收集相關資料，然後公佈在媒體上（例如某種產品的年度銷售排行榜等，都屬於此類資訊），而業務員一定要充分利用這些資訊，必要時把相關的資料展示給客戶，這不僅能增加客戶對產品的好感，還能提升整體企業形象。

總之，告訴客戶產品的暢銷情況，能夠在很大幅度上提高客戶對產品的好感度。業務員只要能正確利用產品的這些資訊，並恰到好處地表達給客戶，就能快速提升產品在客戶心中的地位，而對銷售形成幫助。

你可以這樣做!

業務員：「聽了這麼多介紹，您對這組紅外線照護燈一定也有不少瞭解了吧。」

選擇一

客戶：「嗯，不過你們的品牌我沒什麼聽說過。」

業務員：「小姐，是這樣的，我們的產品主要是採用直銷模式，這樣省去了很多中間環節，我們公司把用來做廣告的宣傳費用都讓利給了客戶，所以產品價格非常優惠。我們這款產品的銷量一直都非常好，您看這是去年報紙做的一個市場調查，我們產品在市場佔有率排名第二呢。」

選擇二

客戶：「嗯，不過我身邊的人還沒有用過這個牌子的紅外線照護燈的。」

業務員：「哦，您可能沒注意到，其實我們公司在各大醫院裡就有很多分店，在我們市內就有十二家呢，而且每家店裡，這組照護燈都是賣最好的。」

選擇三

客戶：「是不錯，不過我對你們的產品沒有什麼興趣。」

業務員：「沒關係，大概因為我們主要是採用直銷模式，您以前沒有接觸過我們的產品，但是這些產品的確很受歡迎，就以這組紅外線照護燈為例，每月只算我們市內的營業額就達到百萬元以上了。」

成交後，如何讓客戶為你介紹新客戶

情景說明

透過老客戶為自己介紹新客戶，是很多銷售人員都擅長使用的方法，這是因為老客戶對產品的性能和特色都比較瞭解，另一方面也能節省業務員自己開發新客戶的時間和精力，成交率也比較高，業務員應該抓住每一個能用老客戶來拓展新客戶的機會。但是這是需要條件的，如果業務員沒有贏得客戶足夠的信任和好感，那麼想要客戶為自己介紹新客戶幾乎是不可能的事。

銷 售 現 場

業務員：「請問您是否已經決定要購買我們的產品了呢？」
客戶：「對，我們決定了，就買你們這款裁紙機了。」
（或者：嗯，現在就簽合約吧。
　　　　可以，我們明天簽合約。）

錯誤的應對

❶ 太好了，那麼您就在這裡簽字吧，希望我們合作愉快。

❷ 那我們現在就簽合約吧，希望您以後也能夠跟我多多合作。
❸ 太好了，嗯，請問您還有其他的朋友需要我們的機器嗎？幫我介紹一下吧！

問題分析

業務員如果白白放棄透過已成交的客戶認識新客戶的機會，不免太過可惜，但是如果過於直接地要求客戶為自己介紹新客戶，也會招致客戶反感。那麼如何才能既表明希望透過客戶認識新客戶的想法，又不會讓客戶覺得突兀呢？請參照富業務以下做法：

1．與客戶交朋友

除了在銷售過程中努力提高自己在客戶心中的信任度，還應該要盡可能地透過其他方式來加深與客戶的交情。也就是說業務員要捨得在客戶身上花些私人時間。例如在假期與客戶一起看展覽、參加非正式聚會、喝茶聊天、一起釣魚，或者其他較為休閒的社交互動。如果你能在自己與客戶之間逐漸建立起良好的社交關係，甚至是深厚友誼，那麼，透過客戶認識到新客戶的機會也就會增加許多。

2．向客戶推薦新客戶

《禮記》有講：「禮尚往來。」做生意更應該如此。如果你希望客戶為你介紹新客戶，那麼你不妨先為他介紹一些客源，幫助他獲得新的利益。但是你的介紹必須真誠，不能擺明為了得到更多客戶而以利益得失交換，否則會讓客戶感覺你過於世故。

3・為客戶提供額外服務

這裡的額外服務並非贈品，也並非客套的寒暄和經常性的商業問候，而是實實在在的關心。在與客戶成交以後，你可以抽時間打電話給客戶，詢問一下產品的使用情況，多給他專業指導、告知他其他注意事項，讓客戶覺得你並不僅僅只是為了錢而和他打交道，而是用真心在和他做生意。這樣一來，你就能贏得客戶更多的好感，而放心地把新客戶介紹給你。

4・給客戶一點實質利益

如果利益來源合理，相信沒有人願意拒絕。給客戶一點利益，讓客戶為你介紹新客戶也未嘗不可。世界上最偉大的銷售員喬・吉拉德就曾經用每介紹一個新客戶給他就可以得到25美金的方法來激發客戶的好奇心，結果，吉拉德獲得的利益遠比他付出的刺激費用要多得多。

業務員：「請問您是否已經決定要購買我們的產品了呢？」

選擇一

客戶：「對，我們決定了，就買你們這款裁紙機了。」

業務員：「太好了。希望我們合作愉快。我想您一定會對我們的服務和產品滿意的，近期我會對您做回訪的。另外，冒昧地問一句，不知道您身邊還有什麼人需要我們的產品，當然我們同樣的價格優惠，服務盡善。」

選擇二

客戶：「嗯，現在就簽合約吧。」

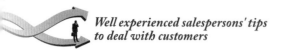

業務員：「好。您的手機我已經建檔了，近期我會與您聯絡做回訪。今天跟您聊天很輕鬆愉快，不知道您什麼時候還有時間，能否請您喝個下午茶？」

選擇三

客戶：「可以，我們明天簽合約。」

業務員：「非常感謝您成為我們的客戶，我們會盡最大努力為您做好售後服務，我也希望我們能夠成為長期的合作夥伴。剛才瞭解到我的一個朋友正好需要向貴公司訂購產品，如果您不介意，那麼明天簽過合約之後，我可以再為您做更詳細的介紹，您看怎麼樣呢？」

如何面對銷售過程中的談話僵局

在銷售時，出現火爆對話的場景並不少見，如果業務員遇到客戶投訴、價格商議過久、或與客戶意見遲遲不能達成共識等情況，稍有疏忽，就有可能造成談話僵局的出現。如果談話僵局不能迅速被化解，銷售氛圍就會陷入緊張，難以繼續進行，最終導致失敗收場。所以，在銷售中業務員要儘量避免談話僵局的出現，如果談話僵局已經形成，就要想辦法打破。雖然有些業務員也試圖在僵局出現後做補救，但是很多時候都沒有什麼效果，這通常也是因為他們的應對措施不夠正確。其實只要用正確的方法處理，談話僵局也不難被打破。

銷售現場

業務員：「我們的電子零件最快到貨時間也要幾天之後，因為現在它的庫存還不夠，需要到別的地方去調貨。」

客戶：「怎麼不能再快一點呢，我們都等著用呢！怎麼回事啊你們？！

（或者：連基本的庫存量都保證不了，你們是怎麼做生意啊？！

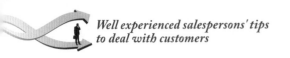

你要是這麼說的話，我們就沒有辦法了，只能換別家了。）

錯誤的應對

❶ 真的沒辦法再快了，我們運貨也是要花時間的，您也應該體諒一下我們啊。

❷ 因為我們的銷量太大了，但是現在像我們這樣隨訂隨做的廠商很普遍，您不能把自己的規矩訂得太死啊。

❸ 既然這樣的話，那您就換一家吧，您要求成交之後就立刻送貨，也太強人所難了，我們無法達到。

問題分析

談話僵局是否出現，是否能快速化解，都在於業務員的處理態度，如果不假思索地直接反駁客戶，那必然會讓局面越來越不可收拾。俗話說「一個巴掌拍不響」，要打破僵局，業務員必須放下自己的「巴掌」，不要試圖迎擊客戶，或是強行讓客戶接受自己的觀點。優秀的業務員很少讓銷售中出現火藥味，即便是談話時出現了緊張氣氛，他們也能若無其事地扭轉局面，繼續進行銷售，這是因為他們有一套好的應對措施：

1．具體問題具體解決

任何一件事情若是不被追根究底的解決，那麼它就永遠沒完沒了。造成銷售僵局的原因找不到，那麼僵持的局面就難以得到逆轉的改變。所以想要真正打破僵局，你就必須找到原因，具體問題具體來解決。如果你在幾句暖言之後發現客戶的態度開始趨向緩和，那麼你就可以嘗試與客戶進行溝通，找到導致對談僵局的原因，然後與他尋求一個雙方都滿意的解決方案。只要這個根本原因解決了，僵局自然也就打破了。

2・製造輕鬆的談話氛圍

用幽默的語句來打破僵持的局面，是很多優秀業務員都會使用的方法，也是效果最好的方法之一。諺語說：「真正的幽默者會用幽默的手腕解決一切問題，並把每一件事情都安排得從容不迫、恰到好處。」，所以，業務員製造幽默話題不僅僅只是單純地講笑話，而是要以解決實際問題為目的，最後還是必須回歸到銷售問題本身。也就是說，無論你談論了一個有意思的新聞，還是一個捧腹大笑的故事，最後都要把它和造成談話僵局的本質問題連結起來，以此來婉轉表達你的意見，這樣既能說出自己的觀點，又能博得客戶一笑。即便客戶對你的意見並沒有完全認同，也能在一定程度上改善氣勢。

3・始終尊重客戶

彼此尊重是做人的基本原則，而尊重客戶也是一個業務員不用說都知道的基本原則，尊重帶來友善，帶來幫助，帶來諒解，無論什麼時候，尊重都是最有效的緩衝。即便引起溝通僵局的原因在於客戶，也要一如既往地對客戶保持尊重。俗話說：「良言一句三冬暖，惡語傷人六月寒」，沒有人會拒絕微笑，也沒有人會拒絕溫暖的話語，和客戶針鋒相對，只會加劇僵持局面，永遠都解決不了問題。與其如此，為什麼不換一種態度，換一種說話方式，與客戶心平氣和地交談，並且還能解決問題呢？

4・暫時停止談話

如果談話僵局過於嚴重，雙方已經無法再進行溝通，這時，最好暫停對談，給客戶和自己一個緩衝的時間。暫停談判並不是保持沉默，你可以和客戶聊聊其他話題，最好是客戶比較感興趣的領域，讓談話內容暫時不涉及買賣事宜，等到雙方冷靜下來、理清思路之後，再重新開始溝通。當局面稍有緩和後，可以先和客戶討論一些業務上較容易達成一致的問題。

你可以這樣做!

業務員：「我們的電子零件最快到貨時間也要幾天之後，因為現在它的庫存還不夠，需要到別的地方去調貨。」

選擇一

客戶：「怎麼不能再快一點呢，我們都等著用呢！怎麼回事啊你們？！」

業務員：「首先向您表示抱歉，這是因為我們的產品銷量太好而導致庫存不夠，您應該安心才是啊，這證明我們的產品受歡迎，品質良好。」

選擇二

客戶：「連基本的庫存量都保證不了，你們怎麼做生意的啊？！」

業務員：「實在是很抱歉，其實產品不能準時到，我也很著急，如果我是劉謙，我肯定怎樣都替您變出足夠的產品來，不知道您是否瞭解我焦急的心情。」

選擇三

客戶：「你要是這麼說的話，我們就沒有辦法了，只能換別家了。」

業務員：「請您不要著急，其實就是一個時間問題，請不用擔心，我們先把庫存的貨全運給您，然後我們再想辦法把剩下的產品盡快補齊，貨到之後您再付清全額，這樣的折衷方法，您覺得可行嗎？」

scene 39 如何正確把握順利成交前的訊號

情景說明

所謂成交的訊號，是指客戶在做出成交決定前，透過說話用詞、動作、表情等透露出的有成交意願的表現。業務員能否及時準確地辨別及把握客戶的成交訊號，在很大程度上決定著銷售的成敗。一些業務員之所以會失敗，就是因為他們不善於辨別客戶發出的成交訊號，原本客戶已經做出了暗示，但他們卻「不解風情」，結果讓客戶失去興致，這些業務員也就失去了客戶。其實，客戶發出的訊號就藏在他的言行舉止之中，只要善於觀察，就不難發現，透過技巧性地識別和掌握，每個業務員都有可能抓住最佳成交機會，順利達成交易。

銷售現場

業務員：「這種洗碗機無噪音，使用方便又快速，可以說是您家庭生活中的好幫手啊。」

客戶：「如果我只清洗湯匙和刀叉之類的東西，應該怎麼辦？」

（或者：如果每天洗碗三次，大概會用多少電？

什麼材質的碗筷都可以放進去清洗嗎？

為什麼說明書上沒有寫？）

錯誤的應對

❶ 我們的洗碗機也有為您說的這些設定了一種清洗模式，只要您放在洗碗機裡，然後按下這個按鈕就可以了，您還有什麼問題嗎？

❷ 如果每天洗碗三次，每次以三個碗、三個盤子為例，大概需要用電……

❸ 這洗碗機功能齊全，您使用的所有碗筷都是可以放進去清洗的，只要您選擇相符合的清洗模式，很快就能洗好了。

問題分析

客戶針對產品提出的問題越細緻入微，證明客戶做出成交的可能性越大，很多缺乏經驗的業務員卻往往發現不了這些訊號。而那些有經驗的業務員總能在客戶剛開始發出成交暗示時就能加強火力銷售，這不僅因為他們有著敏銳的觀察力，也因為他們有著較強的分辨能力，能夠較準確的識別客戶的成交暗示：

1・從客戶表情資訊中識別

表情是人們無聲語言的一種，透過表情，人們往往無意中透露出內心的某些真實想法。同樣，在客戶做出成交決定之前，也無可避免的會透過表情表現出自己的成交欲望。例如表情從平和到興奮，嘴角開始上揚，眼睛逐漸發亮；緊皺的眉頭開始舒展；對產品本身表示出好奇或是仔細傾聽你的產品介紹，這些都是客戶有成交意願的表現。如果你發現客戶有這些表情中的一種或幾種，就要快速做出回應，抓住機會進一步加強說服客戶，並適當地詢問一些購買事宜，例如「成交後您打算訂購多少產品？」或是「您希望以什麼方式付款」等以實現快速成交。

2・從客戶的行為資訊中識別

在產生成交意願後，客戶在行為舉止上也會做出表現，例如仔細翻閱產品宣傳DM或說明書；肢體表現得較為輕鬆；對業務員的介紹感興趣或是表示贊同；對產品表示滿意且不斷撫摸和觀看；讓自己的朋友或陪同者一起體驗產品等等。當發現客戶出現上述行為中的一種或幾種時，就需要根據實際情況做出回應，例如客戶拿起產品再次觀看時，你可以強調產品優點和對客戶的適用性，加強客戶對產品的好感，如果客戶正在認真翻看產品說明書，就可以適當地詢問客戶還有什麼不清楚的地方，盡可能地幫助他解決疑問，進一步加強他的購買欲望。

3・從客戶的語言資訊中識別

除了表情和行為，有聲的語言表達是客戶表明購買意願最主要、最直接的方式。這種表達一般表現在客戶的詢問上，例如詢問產品的具體保養情況以及維護方法、付款方式和最晚付款時間、到貨時間、產品在客戶中的使用感想、產品是否有贈品或附件、產品的售後服務如何等等。客戶詢問得越多、越精細，證明他做出購買決定的可能性越大。有時客戶對產品提出反對異議也代表著他有成交意願，因為有些客戶希望透過這種方式來壓低產品價格，這時如果沒有足夠的降價條件，業務員最好不要隨便降價，反而是要轉而說服客戶，排除它的異議；如果雙方達成了雙贏條件，業務員就可以酌情做出讓步。

總而言之，客戶發出成交訊號的方式有很多種，但是都逃不出以上三種型態：表情、舉止、語言。業務員只要確實觀察，正確辨別這些成交暗示，並及時把握，就能顯著提高業績。

業務員：「這種洗碗機無噪音，使用方便又快速，可以說是您家庭生活中的好幫手啊。」

選擇一

客戶：「如果我只清洗湯匙和刀叉之類的東西，應該怎麼辦？」

業務員：「您可真是仔細呢，看來我們的洗碗機找對主人了！它內建有一個功能，就是幫助清洗您說到的這些小東西，只要您把它們平鋪在洗碗機裡，然後按下這個按鈕就可以了。有了這個幫手，您就會省事不少。」

選擇二

客戶：「如果每天洗碗三次，大概會用多少電？」

業務員：「根據每天洗碗三次，每次洗三個碗、三個盤子，大概需要用電……相對同類產品來說我們的耗電量是比較低的，重點是有了它之後，您就少了這些麻煩事還多了空間時間，和身體健康相比，幾度電真的算不上什麼，您說是嗎？」

選擇三

客戶：「什麼材質的碗筷都可以放進去清洗嗎？為什麼說明書上沒有寫？」

業務員：「您看得真仔細，這款洗碗機功能齊全，您使用的所有碗筷都是可以放進去清洗的，只要您選擇相符合的清洗模式，碗筷很快就能洗好了。您還有其他不清楚的問題嗎？都可以問問看，我會詳細為您說明的。」

scene 40
做適當的讓步
換來可能的成交機會

情景說明

一位行銷專家曾經說過這樣的話：「人們常常以為談判是一條直線，但其實它是一個圓。在這個圓上，當我們站在某一個起點，而目標是另一點時，我們只知道往前走是實現目標的唯一途徑，殊不知只要轉過身去，我們就會發現實現目標的另一個途徑。而且我們還能發現，以前的途徑到達目標時不僅費時費力，而且隨時可能面臨失敗，但是如果我們從轉過身去的那個方向出發的話，實際上卻近在咫尺。人們經常在這個圓上做一些捨近求遠、徒勞無功的事情，這實在是和自己過不去。」

這個理論也適用在現實銷售場景中，常常會有這樣的業務員，雖然不乏好的口才和素質，但是總是缺乏變通，不懂得理解狀況、隨機應變，其實只要稍稍做出一些讓步就能扭轉乾坤，但結果卻是費了不少精力和時間卻徒勞無功，終究讓銷售工作以失敗收場。所以，業務員要在適當的時候對客戶讓步，這不只能換來成交，還有可能換來客戶的長期合作，何樂而不為？但是讓步而也要講究尺度，如果一味地讓步沒有原則和底線，那麼最後受罪的只會是自己。

銷售現場

業務員：「關於我們新上市的車款您還有什麼不清楚的地方嗎？」
客戶：「品質是還蠻不錯的，不過價格……」
（或者：這有點超出我的預算了，我還是再考慮一下吧。
別家的車款也不錯，品質和你們差不多，但是價格比你們便宜一點。）

錯誤的應對

❶ 您的意思是覺得我們的價格貴了？如果計算一下CP值，您一定會覺得非常划算。對於這種等級車款的品質的產品，價格已經很低了。

❷ 不管您說什麼，我們的價格都是不能再降的了，最低就是這個價。

❸ 那好吧，那我再降1%，這是最低價了，因為我們每款車都還附贈了一個行車紀錄器，您可不要再講價了。

問題分析

業務員太早為客戶讓步或是一次性地讓步過大，最後都容易讓自己落入進退兩難的地步。而如果堅決不做任何讓步，那麼失敗的可能性也很大。所以談價時一定要把握好尺度，這就需要業務員具備適宜的讓步技巧，以下是重點說明：

1．瞭解自己和客戶的底線

讓步要有原則，有範圍限制，除了不要超過你和客戶的底線，還要盡可能地遠離。在讓步之前，也就是溝通開始之後，就要想辦法瞭解客戶底線，弄清楚什麼樣的情況是他不可能接受的，然後在客戶可以接受的範圍內進行讓步。另外，你也要注意自己的利益底線，如果客戶提出的要求超過了，那麼你就要婉轉地予以拒絕，然後說服客戶也做出一些讓步才能達成雙贏。如果客戶仍然不為所動，最終拒絕成交，那麼你也沒有什麼遺憾，畢竟你還保住了基本利益。

2・為溝通留下餘地

讓步的目的是為了留住客戶，但是前提是要「讓」得有度。如果你的讓步過大，難以為接下來的洽談留下商量的餘地，那麼就很容易造成溝通僵局，甚至雙方不歡而散，讓前面所有的努力前功盡棄。所以，在讓步時，一定要留下一些餘地，不要一再地讓步或是一次讓步過大。

3・讓步要在有回報的情況下實行

銷售溝通的目的是為了達成買賣雙方的雙贏，如果你的讓步只滿足了客戶的要求，卻犧牲了你的利益，那麼成交只能給你帶來損失，不如不賣。所以，在做每一次的讓步時，都要考慮是否值得，看看這會對你造成哪些影響，如果沒有任何回報，而且還要損失不少，那麼你就要懸崖勒馬，另外尋求解決方法了。

4・從大局出發，放眼未來

有句名言說：「胸襟有多大，事業就有多大；眼光有多遠，事業就能走多遠。」從大局考慮，放眼長遠是一個業務員需要具備的基本理念，只有這樣，才有可能把自己的銷售工作做大做廣。而即使對客戶做出讓步也要從長遠出發，考慮大局。也就是說對於自己做出的讓步，你要結合到現有利益及長遠利益之上，考慮到現在的讓步會對以後造成什麼樣的影響。如果替以後的銷售大局帶來了負面影響，那麼就要尋求另外的辦法來解決，如果讓步可行，再做適當讓步。

如果說業務員的口才和熱情是進攻，那麼讓步就是防守，讓步最為直接的作用就是可以贏得客戶，而適當地說服客戶才能保證銷售工作不損失利益。所以銷售工作都需要先進再退，而在讓步時你也不要忘了進攻，這樣才能取得實質性的業績進展。

業務員：「關於我們新上市的車款您還有什麼不清楚的地方嗎？」

選擇一

客戶：「這款車試駕起來品質還蠻不錯的，不過價格……」

業務員：「其實像這等級的車款賣這個價格真的不算貴了，這樣吧，我們一般都是沒有的，今天的車再送您行車紀錄器，您看怎麼樣？」

選擇二

客戶：「價格已經超出我的預算了，我還是再考慮一下吧。」

業務員：「如果您願意的話，價格我們可以再商量。」

選擇三

客戶：「別家新上市的車款也不錯，品質和你們差不多，但是價格比你們便宜一點。」

業務員：「嗯，那這樣吧，那我再降1%，其實我們還沒有做過這麼大幅度的降價，這次就當您是我們的老客戶了，希望以後你多替我介紹生意，這樣如何呢？」

scene 41 客戶與你溝通良好，最後卻與競爭對手成交

情景說明

本來與客戶溝通良好，結果客戶卻跟競爭對手成交了，這樣的情況在銷售中總是難以避免，對此業務員都會覺得非常遺憾、甚至有被欺騙的感覺，畢竟眼看就要到手的好機會就這樣丟了。其實這種情況往往是因為業務員沒有足夠重視，不善於從之前的慘敗吸取教訓。如果能在這種情況發生之後及時學習經驗，就能在很大程度上避免這種事的再次發生。

銷售現場

業務員：「先生您好，我是建材公司的業務小林，上禮拜我們已經見過面了，請問合約的事您考慮得怎麼樣了？」

客戶：「抱歉，我們已經與別家公司簽了合約了。」

（或者：不好意思，我們已經和別家公司訂貨了。
忘了告訴你了，我們已經和別家公司成交了。）

錯誤的應對

❶ 為什麼，我們上禮拜不是都已經談好了嗎？

❷ **您怎麼這麼不講信用，您這樣的話我們怎麼做生意呢？**
❸ **是這樣啊，那好吧，再見。**

問題分析

雖然客戶已經與你的競爭對手成交，但是業務員還是不能放棄這個機會，無論是與客戶發生爭執還是轉身直接離開，這都不夠理智，很容易破壞與客戶之間好不容易建立起來的關係，同時這也是造成客戶流失的原因之一。而那些經驗豐富的業務員則因為他們善於吸取失敗經驗，懂得把握潛在客戶，即便真的遇到了這種情況他們也不會心態消極，會想辦法使這些客戶成為自己下一次的合作者。如果想要減少這種情況的再次發生，業務員應該注意哪些問題呢？

1．不要忽視競爭對手

競爭對手，這是一個很重要的資訊，客戶之所以與你的競爭對手最終達成購買協議，很可能是因為你在與客戶溝通時忽略了與此相關的資訊，例如客戶曾提到競爭對手的產品優勢、價格優勢、服務優勢等，這些都有可能是客戶與你的競爭對手成交的原因。所以在與客戶溝通的過程中，不要光顧著介紹自己的產品，還要多聽多看，注意客戶是否時常向你提到競爭對手的產品。如果是而且同時客戶還提到了競爭對手的諸多優勢時，就要特別注意了，這時就需要透過溝通瞭解客戶對競爭對手產品的看法和印象，然後再想辦法減弱客戶對競爭產品的注意，將他的注意拉回到你的產品上。

2・重視與客戶的全面溝通

談業務就是一個不斷與客戶進行溝通，來達到兩方都獲利的過程，在過程中，可以瞭解到客戶的觀點、需求、嗜好等，如果你想與客戶順利簽下合約，就必須勤作功課，盡可能地掌握客戶資訊。一般情況如果你與客戶溝通良好，但是卻沒有達成交易，很可能就是與客戶的溝通有漏洞造成的。例如客戶的某些需求你沒有察覺到，客戶希望滿足的要求你沒有照顧到，客戶很關心的問題你卻一帶而過或是忽略掉了。也許表面看似你們溝通得很好，但是實際上你卻已經因為忽略客戶心思而使客戶逐漸遠離了你。

3・吸取銷售失敗的教訓

失敗對業務員來說是家常便飯，想要獲得成功就要善於從失敗中學到經驗，也許你與客戶溝通良久，最終還是沒辦法獲得他的心。沒關係，此時你最需要做的就是找到問題點，並將它運用到今後的銷售工作中，也許你的客戶很快就會與你再次成為合作夥伴。

4・與客戶繼續建立良好關係

既然你與客戶能溝通良好，說明這個客戶仍然是你的潛在客戶，你的所有工作都沒有白做，即便是這次沒能與他順利合作，但是以後一定還有機會。所以在聽到客戶與競爭對手成交的消息之後，首先要保持平和的態度，並且誠懇地向客戶表明，希望有機會與他再次合作。這樣客戶就會覺得你是一個通情達理的人，對你留下更深刻的印象，往後若需要合作時也更容易想到你。

你可以這樣做!

業務員：「先生您好，我是建材公司的業務小林，上禮拜我們已經見過面了，請問合約的事您考慮得怎麼樣了？」

選擇一

客戶：「抱歉，我們已經與別家公司簽了合約了。」

業務員：「哦，這樣子啊，沒關係，希望我們以後有機會再合作，關於細節部分我們都能為您再做調整。」

選擇二

客戶：「不好意思，我們已經和別家公司訂貨了。」

業務員：「沒關係，希望我們能繼續保持聯絡，我們也會繼續提供您新資訊，希望能再次與您合作。」

選擇三

客戶：「忘了告訴你了，我們已經和別家公司成交了。」

業務員：「是不是我們的產品或者服務有哪些地方您不滿意呢？如果能有再次合作的機會，我們都會盡力滿足您的要求。」

Chapter 5

消除障礙

～如何與客戶有效溝通

scene 42 與你接觸的同時，客戶也在與你的競爭對手接觸

情景說明

與客戶接觸的同時，發現客戶還與其他品牌的業務員有做接觸，這是很多業務員都必定會遇到的情況。客戶這樣做一來是想多接觸一些廠商，給自己多一點選擇的機會，另外也可能是想藉此給業務員一些壓力，使自己的要求更容易得到實現。而面對這樣競爭的情況，有些業務員不是觀望，就是主動放棄爭取，而無論哪種的做法都註定會失敗。

銷售現場

業務員：「先生，您覺得我們這款按摩椅怎麼樣呢？」
客戶：「嗯，還在比較，昨天也和一個美國品牌按摩椅的業務員見過面，他們的按摩椅也不錯。要買哪個還沒有決定。」
（或者：昨天我去看了美國品牌的按摩椅，等我確定了再說吧！）

錯誤的應對

1. 美國品牌的按摩椅有品質問題，您可千萬不要買啊。
2. 哦，那您想好了再告訴我吧。我們的產品絕對是更有保障啊。

問題分析

等著客戶主動來瞭解產品，多數情況下的結果都是失去客戶。而詆毀同類其他品牌的產品，更不是明智之舉，這些都只會讓客戶離你越來越遠。想要抓住客戶，不僅要瞭解競爭對手的情況，還要想辦法抓住與客戶的溝通機會，使客戶瞭解你的產品：

1．瞭解競爭對手情況

當客戶也在與你的競爭對手接觸時，就證明競爭對手的產品對客戶有一定的吸引力，所以你必須瞭解競爭對手產品的真實情況，例如產品的性能、優缺點、相關報價，以及在市場中的影響力和客戶本人對產品的看法等。在對競爭對手的產品進行瞭解後，再思考如何對客戶較為在意的部分進行強烈說服，以達成較高成功率。

2．為客戶制定詳細的解決方案

客戶通常都是誰提供的服務完善，就更願意跟誰接觸。如果你能為客戶做出詳細周到的解決方案，就會博得客戶更多的好感。而在制定解決方案時，應該重點考慮到一些細節的問題，例如如果客戶無法一次付全款怎麼辦、如果客戶需要產品的數量過大怎麼辦，事先預想到客戶可能擔心的問題，找到有實際助益的解決辦法，這樣當客戶聽到你能有系統地為他處理的時候，就有可能被這些貼心且詳細的解決方式所吸引，如果他們特別擔心的問題在你的方案中得到了解決，他們與你合作的機會就會更大。

3．與客戶周圍的同事搞好關係

如果你與客戶正面接觸的機會還不多，可能就無法對客戶做到全面深入的瞭解，不過沒關係，你可以透過客戶公司的相關人員來接觸，瞭解客戶相關資訊。例如你的客戶是一家公司的職員，透過櫃檯就可以瞭解到他的個人情況、個性特色、何時上下班、下班後選擇何種交通方式等。盡可能地掌握客戶的相關資訊，對你的銷售業務來說更能事半功倍，所以你務必要與客戶的同事、朋友等相關人士處理好關係。

4・做好打持久戰的準備

既然客戶在與你接觸的同時，也在與你的競爭對手接觸，這就證明了客戶對於到底要買哪一家的產品還沒有確定，往往要不斷地在你與競爭對手之間的產品反覆做比較，決定期間會拉得比較長，不可能拜訪幾次就能成功，所以要有一定的耐心，並且還要在接觸中儘量完善自己的解決方案，做好打持久戰的準備。

你可以這樣做!

業務員：「先生，您覺得我們這款按摩椅怎麼樣呢？」

選擇一

客戶：「嗯，還在比較，昨天也和一個美國牌按摩椅的業務員見過面，他們的按摩椅也不錯。要買哪個還沒有決定。」

業務員：「先生，您真是一個思考周慮的人啊。不過您能說說那個美國品牌按摩椅哪裡比較吸引您嗎？」

選擇二

客戶：「昨天我去看了美國品牌的按摩椅，等我確定了再說吧！」

業務員：「沒關係，我們的產品可以隨時到貨，在費用上也可以採取分期付款，也可以提前預定，如果您不方便領取的話我們也能幫您送到家，我們可以保持聯絡……」

客戶始終認為你給他的優惠不夠

情景說明

對於業務員來說，客戶一再地希望得到優惠，的確是一件讓人頭痛的事。我們的拒絕是必須的，但是如何才能在不傷及與客戶的關係及順利保證成交的前提下來讓客戶接受，這就非常不容易了。雖然這種情況有些棘手，但是只要用點技巧及話術與客戶溝通，還是能夠找到成交出口的。

銷售現場

業務員：「這台子母傳真機原價是**5950**元，好吧，我再給您打個八折，**4760**元吧。」

客戶：「你打了八折還是不便宜，再多點折扣吧。」

（或者：價格還是有點貴，你們的折扣打得太少了。便宜點吧，再便宜點我就買。）

錯誤的應對

❶ 都已經給您打八折了，您怎麼還不滿足呢？

❷ 已經不少了，我們還從來沒有打到八折，您是第一個。
❸ 沒辦法再優惠了，再優惠我們就要賠了。

問題分析

對於客戶的一再要求降價，業務員自然要以保證利益不受損失為前提，如果不可以，就該表示拒絕，但是要注意拒絕方式的婉轉性，如果可以，就適當做出讓步，不過在一般情況下，業務員都應該懂得在首次報價時為接下來的銷售過程留一點降價餘地：

1．不要直接拒絕客戶

直接拒絕客戶是業務員的大忌，即便客戶的要求多麼苛刻，你都不能直接拒絕客戶。但是需要拒絕時，還是必須要讓客戶明白你的立場，你可以使用一些比較委婉的方式，例如向客戶透露產品的受歡迎程度、強調產品的市場優勢、計算產品CP值等方式，有見解地向客戶表明你的產品品質值得那個價位。

2．不直接降價

採用變通的方式，在維持單價不變的情況下，總交易額降低，例如採用部分配送方式，降低這筆交易的壓力。

3．根據公司的規定靈活應對

上策：不降價，完全由客戶能承受壓力的能力來決定是否執行這次交易。即使交易取消，損失的也只是目前的一個客戶，長期風險得到一定程度的規避。下策：降價，保住這次的交易，但是會導致其他廠商一連串的動作，導致競爭壓力急遽增加，公司生存環境變得更加惡劣。

至於選擇哪一種決策，就要視目前公司的整體策略來看。如果公司很長一段時間都要依靠這條產品線生存，那麼規避長期風險是第一位的。如果公司具有多條產品線，並且這條產品線已經有計畫下線，那麼獲得這次交易，取得利潤是首選。

4·不要在一開始就報價過低

有些業務員為了能夠儘快贏得客戶，會在一開始就報價過低，尤其是新手業務員，為了能儘快贏得業績更是如此，但其實這是非常不可取的。我們都知道客戶都會這樣的一種心理，那就是：業務員的第一次報價沒有參考性，再次砍價是必須的。如果你首次報價就過低，極有可能就造成利益不保，也容易讓客戶產生你給他的優惠不夠的感覺。所以在首次報價時，就要記得接下來的談判留下餘地，儘量留出一些價格差，確保不會因為降價而逼至價格底線。

你可以這樣做!

業務員：「這台子母傳真機原價是5950元，好吧，我再給您打個八折，4760元吧。」

選擇一

客戶：「你打了八折還是不便宜，再多點折扣吧。」

業務員：「那麼這樣吧，如果您購買我們的這款傳真機，我們可以為您延長半年的保固跟相關的售後服務專案，您看怎麼樣？」

選擇二

客戶：「價格還是有點貴，你們的折扣打太少了。」

業務員：「說實話，我們的產品還沒有做過這樣的折扣，您這還是第一個，已經是史無前例了。其實透過我的介紹，您一定也覺得這種傳真機的各種性能都不錯，它真的很適合您的。」

scene 44 客戶總是說你的產品不如競爭對手

情景說明

眼前的客戶總是稱讚競爭對手的產品比較好，這無疑會讓不少業務員覺得很難突破客戶觀感。在這種情況下，無論業務員再做任何產品介紹，都免不了被客戶拿來與競爭對手的產品做比較，因此溝通起來更難，局勢更不容易把握。但是我們的目的是賣出產品，所以作為一個業務員，就必須想辦法消除客戶的比較心理，盡可能地多創造與客戶交談的機會，使客戶接受產品並對產品產生興趣。而這就需要業務員掌握良好的溝通技巧，在不傷害競爭對手的前提下，贏得客戶的信賴和好感。

銷售現場

業務員：「這套多功能自動化列表機集列印、複印、傳真等多種辦公功能，如果您有了這台設備，您的工作進行就會方便很多。」

客戶：「的確是這樣。不過我剛剛跟另一家辦公品牌的業務員見過面，他們介紹的多功能列表機比你們的功能好一點。」

（或者：對，不過聽朋友說，你們的產品沒有那家品牌的好。）

錯誤的應對

❶ 我們的產品相當好，各方面性能都是一流的，絕對不比他們品牌差。

❷ 也許您還不知道，他們品牌的辦公產品還經常有客戶投訴呢，您可不要買他們的產品，還是我們的產品比較有保障。

問題分析

面對客戶的評論，很少有業務員會選擇主動放棄，因為放棄就意味著不戰而敗。多數都會希望自己能夠透過溝通留住客戶，但是結果往往適得其反，這是因為他們的溝通方式不夠吸引人，雖然出發點是好的，但是缺乏正確的實戰技巧。那麼，在面對此一問題時該如何解決呢？

1．辨別客戶這樣說的目的

客戶說你的產品不如競爭對手，你千萬不要真的以為就是這樣，也許客戶只是以此為藉口讓你降價。所以在與客戶交談時，不僅要注意客戶說什麼，還要觀察他的舉止、眼神等，如果客戶對你的產品不屑一顧，也許是真的覺得你的產品相對於競爭對手的確不夠優秀，但是如果客戶嘴上說你的產品不好，但是在行動上卻表現得反常，例如對不斷碰觸產品、眼神停佇、再三地仔細端看產品或長時間不願離去等等，這些都證明客戶是在要求降價。在開始勸購前，應該先弄清楚客戶這樣說的目的。

2・陳述客觀事實，而不詆毀競爭對手

聽到客戶評論自己的產品不如競爭對手，任何一個業務員都會覺得心裡不舒服，畢竟希望自己的產品能夠獲得客戶的喜愛，是每個業務員的期待。但是客戶不斷提到競爭對手，你就難免會對競爭對手做些評價。所以首先應該記住的是：絕對不要在客戶面前詆毀競爭對手，否則，客戶不僅不會對你的產品產生興趣，反而會厭惡你。即便是客戶一時因為聽了你的話而答應成交，之後也會對你的人品產生懷疑，而影響到產品商譽。如果真的到了不得不評論競爭對手的情況，那麼你可以客觀、公正地說出競爭對手的優缺點，坦誠地告訴客戶最真實的情況。當然，為了讓客戶對你的產品產生好感，你可以著重指出競爭對手產品的不足之處，但是要注意方法，可以用「……的確不錯……不過……」這樣的句型。總之不管客戶是有意考驗你，還是真的這麼想，你這樣做都會讓他們覺得你是一個值得相信、說真話的業務員，甚至逐漸改變對你的看法。

3・強調產品優點淡化缺點

想要客戶對你的產品感興趣，就必須讓客戶盡可能地看到產品優點，這樣才能淡化產品的不足之處，使客戶接受你的產品。在說服時你可以使用類似這樣的語句：「我承認我們的產品……不過在……我們的產品還是……」也就是先否定後肯定，透過這種婉轉的鋪陳方式，客戶往往會耐下心來聽介紹。在介紹產品優點時，也要做到真誠，不過分誇大產品優點，否則就會讓客戶覺得不實在，而對你不信任。

4・在保證利潤的前提下適當降價

在自己利益有保障的前提下，可以適當地採取降價。但是如果客戶

沒有提到降價問題，你最好不要主動提出，否則就會讓客戶認為你的確承認自己的產品不如競爭對手的好，而再進一步地要求再降價，這樣的話絕對是得不償失的後果。

你可以這樣做!

業務員：「這套多功能自動化列表機集列印、複印、傳真等多種辦公功能，如果您有了這台設備，您的工作效率將會加快許多。」

選擇一

客戶：「的確是這樣。不過我剛剛跟另一家辦公品牌的業務員見過面，他們介紹的多功能列表機比你們的功能好一點。」

業務員：「他們品牌的辦公設備的確比我們進入市場的時間早，可以說是元老級的。不過我們的技術水準同樣很高，這台自動化列表機的性能都很不錯，特別是我們的產品有一個其他產品沒有具備的特色……」

選擇二

客戶：「對，不過聽朋友說，你們的產品沒有那家品牌的好。」

業務員：「那家品牌的辦公產品的確受到很多客戶的和喜愛，但是作為後起之秀，我們無論在技術上還是服務上水準都非常好，我們也謹慎且認真地去做，所以如果您能看看我們的產品，一定會發現大不相同的」。

scene 45 客戶對目前的供應商很滿意，不想換

很多情況下，客戶如果長期使用某種產品，通常都有其固定的供應商，如果雙方也合作愉快，那麼其他人就很難介入了，但這種情況我們說也不是絕對的，因為沒有誰能保證客戶與供應商之間永遠不會出現問題，更何況有時客戶所說的對供應商滿意也只是對業務員的搪塞敷衍，因此當客戶表明對目前的供應商很滿意時，業務員還是應該保持積極態度，無論客戶這樣說的原因是什麼，都要跟客戶處理好關係，經常與他保持聯繫，隨時觀察客戶及其供應商的變化情況，挑選適當的機會出擊。

銷售現場

業務員：「先生，對於我剛才介紹的藍芽傳輸器您覺得怎麼樣？希望我們能有機會成為貴公司的供應商。」

客戶：「嗯，你們的產品不錯，但我們對現在的供應商還很滿意，目前還沒有要換供應商的想法。」

錯誤的應對

❶ 哦，是這樣啊，那好吧，有機會再合作。

❷ 不過您應該給我們一個機會啊，我敢肯定我們的產品絕對會幫貴公司帶來更好的效益的。

❸ 是哪家供應商？老闆是誰？他們大概都經營哪些範圍？

問題分析

客戶提到對目前的供應商很滿意，業務員首先就應該想到，客戶這樣說也許是在搪塞你，也許是他真的與目前的供應商合作愉快，但是到底是如何我們一時也很難判斷，所以業務員最好的辦法就是與客戶建立起長期的友好關係，增加與客戶接觸的機會，一方面可以瞭解客戶與供應商的實際關係，另一方面也可以藉此拉近與客戶之間的距離，如果客戶一旦與目前的供應商出現合作問題，那麼他也許就會先選擇與我們合作。

1．先做朋友，再做生意

不論客戶與目前的供應商合作如何，業務員如果過於唐突地表示要與客戶合作，都是不理智的。最好先與客戶建立起良好關係，多跟客戶保持聯絡，在節日或者是特殊的日子致電表示關懷或者是祝福，等雙方有了一定的交情之後再做生意也不遲。

2．抓住機會，向客戶推銷

與客戶接觸時間久了，你就能對客戶與供應商的關係做出客觀的評價，一旦客戶目前的供應商出現產品或是服務方面的問題，就可以以此做為契機，全面出擊，向客戶推銷你們的產品。但是在推銷時要懂得等待時機，要有所準備，不要過於突然，循序漸進地從小訂單開始，逐漸擴展與客戶的合作。

3・透露價值的冰山一角

生意以誠心為原則，以利益為根本，不會有人願意放過賺錢的機會。既然客戶對你的到來不感興趣，甚至明確地告訴你，你不可能成為他的供應商，那麼，你就可以用「利」來吸引他，讓他知道與你合作有「利」可賺。但是不能一下子就把好處、利益說得清清楚楚，而是要慢慢地透露給他知道，也就是先讓他看到有價值的冰山一角。這樣一來，客戶在好奇心的牽引下，就會與你展開深入交談，你也就獲得了更多能對客戶說服的機會，再輔以你的勸說、產品優勢等，多多少少會讓客戶對你的產品產生新的興趣。

你可以這樣做!

業務員：「先生，對於我剛才介紹的藍芽傳輸器您覺得怎麼樣？希望我們能有機會成為貴公司的供應商。」

選擇一

客戶：「嗯，你們的產品不錯，但我們對現在的供應商還很滿意，目前還沒有要換供應商的想法。」

業務員：「是這樣啊。我瞭解到貴公司每年的銷量是……已經相當可觀了，不過您是否想過貴公司的銷售量還能再提高10%

呢？」

選擇二

客戶：「不用再介紹了，我們對目前的供應商非常滿意，還不會考慮你們的產品。」

業務員：「您的想法我瞭解。不過沒關係，這是我的名片，希望我們能保持聯絡，如果您有需要可以隨時打電話……」

選擇三

客戶：「我們跟現在的供應商合作很久了，也很滿意。」

業務員：「哦，這我能理解的，不過如果我們的產品能為您帶來更好的效益，我想您一定不會拒絕的吧？」

scene 46

成交後，客戶卻不按時付款

情景說明

客戶在成交後不按時付款，甚至拖延到合約規定的最後幾天，仍然不能結清貨款，這是任何一個業務員都不想看到的棘手狀況。但是對此又不能催得太緊，畢竟合約已經簽訂，「討債」式地要貨款只會讓雙方關係更快惡化，無法發揮任何積極作用。只有在不破壞雙方合作關係的基礎上，說服客戶儘快結清貨款，才是最好的結果，當然這就需要業務員掌握良好的溝通技巧，與客戶和平解決貨款回收問題。

銷售現場

業務員：「先生，我們的產品已經送過去有一段時間了，款項問題還沒有結清，請問您什麼時候付款呢？」

客戶：「再過一段時間吧，我現在手頭有些緊。」

（或者：付款再等等吧，我覺得你們在服務上並沒有說得那麼好。）

錯誤的應對

❶ 我們寬限的時間已經很久了，如果您一直這樣拖著不給，我

很難向經理交代。
❷ 您不付款，我們怎麼能夠做好服務呢？

問題分析

對於不能按時付款的客戶，多數業務員的態度都是「冷若冰霜」，自然客戶的態度也好不到哪裡去。無論客戶的確是因為資金問題而無法按時結清貨款，還是故意拖延付款時間，業務員的這種做法都欠缺妥當。想要扭轉這樣的事態，就必須智取，掌握命中紅心的溝通技巧：

1．弄清楚客戶不按時付款的原因

任何事情的發生都有它的理由。所以首先你應該問清楚客戶不能按時付款的原因，如果客戶資金周轉困難，那麼在上級准許的情況下你可以讓客戶說一個有效期限，然後雙方再次做出承諾和保證。如果客戶是故意不付款，那麼就要仔細詢問緣由，再根據具體情況制定相應的解決方案。

2．解決客戶的不滿

有時，客戶故意拖延付款時間，有可能是因為你的服務做得不夠好，沒有兌現合約上的約定，讓客戶對結果嚴重不滿，而不願按時結款。所以，應該向客戶問清楚是否對你有什麼不滿意的地方，同時自己也可以思考一下，是不是有哪些該做的沒有做到，例如合約中一些條款的實現、口頭答應的承諾等。

3．簽訂合約前爭取預付款

如果透過溝通無法讓客戶按時付清全款，那最起碼要爭取到一定比例的預付款，並且要得到客戶的付款承諾，以保證最後成交的可行性。預付款比例不宜過少，應在全款的20%以上，否則發揮不到實際效果。

4·對客戶的承諾及時追蹤

在與客戶成交之後，客戶一般都會對你做出承諾，但是並不是每個客戶都會兌現承諾，是否能夠準時收到款項，這就要求你要執行好客戶的約定，這樣還款的實現才能有保證，而最好的執行辦法就是追蹤，但是要掌握住追蹤的尺度，對於信譽不好的客戶，要頻繁追蹤，對於信譽好的客戶，就按照個人情況定期做提醒。對於客戶的回款也不要指望一次到位，客戶的資金總是有限的，隨時都能拿出來的客戶也不多，所以對於客戶的還款速度不要太過期待，但客戶都應該要做出還款保證，對不能一次付全款的客戶可以採取分期付款方式。

5·掌握催款的技巧

客戶不及時繳款，業務員就不得不去催款，但是真的到了客戶那裡，不少業務員卻害怕起來，不知道如何開口。如果真的和客戶討論還款問題，有些業務員也會比較消極，傾向說一些請求的話，例如向客戶訴說上司給自己的壓力過大，這樣說似乎很值得別人同情，但是客戶多是商人，對於這樣的話一般不容易買帳，所以在催款時業務員最好避免使用這種悲情方式，用單刀直入的方法反而效果會更好。另外催款也要講究，不要處理得過於生硬，這需要業務員掌握相關的知識、技能和膽量。例如你預計客戶可以還款十萬元，但是在與客戶談目標時，你就應該提出十五萬元或者二十萬元的還款要求，因為客戶都會有「殺價」的習慣，即便被砍價，這樣客戶的還款也不會過少，這就是一種談判技巧。

總之，成交的款項是企業生存、發展的重要來源之一，也是業務員的重點工作，為了提高業績，就要儘量想辦法提升回款效率，這樣不僅企業的發展可以得到保障，而且對業務員來說，也是一種說話技巧的增進。

業務員：「先生，我們的產品送過去已經有一段時間了，款項問題還沒有結清，請問您什麼時候付款呢？」

選擇一

客戶：「再過一段時間吧，我現在手頭有點緊。」

業務員：「是這樣啊。不過這樣的話您需要先付25%的預付款，我想這對您來說並不難。另外，您能具體說個還款時間嗎？」

選擇二

客戶：「付款再等等吧，我覺得你們在服務上並沒有說得那麼好。」

業務員：「請問您對我們的服務有什麼不滿意的地方嗎？您儘管說出來，我們會嚴格依照合約上的規定實行。」

選擇三

客戶：「擔心我不付款嗎？如果我們之間的一切問題都處理好了，我會馬上付款的。」

業務員：「我們的服務都是嚴格依照合約上的規定執行的，所以您也需要照合約做事，按時付款有助於貴公司增加我們產品的效益，也有利於我們今後的合作。您說對嗎？我們最晚的還款期限是在一週之後的……」

scene 47 客戶開的條件苛刻，且不肯讓步

情景說明

少數客戶常常以自己是「客人」的身分而提出多種苛刻的條件，甚至兩方多次溝通也不肯做任何讓步，而這就成為了業務員成交的一大障礙。這是一個比較棘手的問題，但是也必須要去面對和解決的。如何才能正確對待條件苛刻又不肯讓步的客戶呢？這就需要運用既能保全自我利益，又能與客戶達成交易的方法，使雙方在溝通中獲得雙贏。

銷售現場

業務員：「先生，到貨時間最早也要後天，關於產品的價格我們也是壓得很低了，所以就不會額外送贈品了……」

客戶：「為什麼不能提前，如果時間安排得好，就可以明天到貨吧，另外，以前供應商都有送贈品的，如果沒有贈品，那麼就要再便宜點吧……」

（或者：明天產品就必須要到，晚一天也不行，而且別人都有贈品，你們為什麼沒有？

我們只給一天時間，另外贈品也要有啊，沒看過人家這樣做生意的。）

錯誤的應對

❶ 您等一天不可以嗎？我們運送過程是要花時間的，不可能馬上到貨，您就不能體諒一下我們嗎？

❷ 產品只能後天到，而且因為價格便宜，我們沒有贈品，如果您同意的話我們就成交。

❸ 那好吧，我再和經理請示一下。

問題分析

對於客戶提出的苛刻要求，一般業務員都會選擇忍耐，這固然是一個不破壞銷售氣氛的辦法，但是絕非長久之計，因為潛在問題沒有解決，導火線上的火焰就永遠不會熄滅，最後仍有可能出現溝通上的僵局或交易失敗。可見，對於苛刻的客戶，業務員掌握適當的溝通是非常重要的，也就是說，業務員需要使用一些有效的溝通技巧，恰到好處地回應客戶：

1．保持冷靜

面對客戶的苛刻態度，有些業務員常常會按捺不住自己的無名火，與客戶針鋒相對地爭論起來，但其實這是非常不可取的。無論客戶的態度多麼差勁，多麼地讓人難以接受，作為業務員的你都必須保持冷靜，用平靜的態度接待你的客戶，任何的負面表現都只會給你的工作造成不良影響，例如眉頭深鎖、對客戶表示不屑、語氣強硬等。俗話說：「伸手不打笑臉人」，再苛刻的客戶也不會拒絕你的微笑，而且他們很有可能因為你的笑臉而去改變原本態度，所以你最好能夠始終如一地保持微笑，這是化解客戶的拒絕最簡單、有效的方法之一。

2・充分瞭解客戶

俗話說：「知己知彼，百戰百勝。」客戶提出苛刻的條件，甚至不做任何讓步，都是有原因的，也許客戶曾經享受過你認為不可能實現的待遇，也許客戶正處在煩躁的情緒之中，又或許客戶對你存在著極大的不滿，不論客戶苛刻的原因是來自主觀還是客觀，你都應該想辦法去深入瞭解，也就是多向客戶提問題，挖掘客戶提出苛刻條件的原因。向客戶提問時，你要表現得真誠而且懇切，努力營造一個和諧輕鬆的談話氛圍，讓客戶感覺到你是真的想要瞭解他的處境，再引導他說出實質上他面對到的問題。如果原因在於你，你就要盡己所能地滿足客戶，如果原因在於客戶，就要耐心地對客戶進行一步步的引導，以真誠化解客戶的非友善態度。

3・以優勢淡化苛刻

當客戶挑毛病時只看得到產品缺點和那些令他不滿意的地方，很少會將注意力放在產品以及你的服務優點上，所以你的產品層級也會因此在客戶心中打了折扣。想要讓客戶客觀地認識你的產品，就需要使用產品優勢來平衡客戶的心理，以優勢來沖淡客戶心中的產品劣勢。在溝通時，可以將產品所具有的優勢都列舉出來，透過與其他產品對比的方式使優勢更突出，吸引客戶的注意力。

4・切忌無條件地滿足客戶

為了儘快獲得客戶的青睞，有些業務員會選擇對客戶讓步，滿足客戶的要求，這的確是一個解決問題的方法，業務員以雙贏為前提的適當讓步，往往能使雙方順利成交。但是凡事是過猶不及都不對的，如果業務員對客戶有求必應，一讓再讓，那麼只能讓自己越來越被動，逐漸處於劣勢地位，結局不是委屈求全就是交易失敗，無法實現雙贏的目的。

業務員：「先生，到貨時間最早也要後天，關於產品的價格我們也是壓得很低了，所以就不會額外送贈品了……」

選擇一

客戶：「為什麼不能提前，如果時間安排得好，就可以明天到貨吧，另外，以前供應商都有送贈品的，如果沒有贈品，那麼就要再便宜點吧……」

業務員：「我理解您的心情，您與前供應商一定合作得很愉快，我們也希望跟您能有雙贏的合作。但現在原物料價格都在上漲，產品的生產成本都在增加，比起同類產品，我們的報價還是相當有優勢的，就目前這個市場，跟我們合作才會給您帶來更大的利益。」

選擇二

客戶：「明天產品就必須到，多一天也不行，而且別人都有贈品，你們為什麼沒有？」

業務員：「請問您這樣規定時間，是否是因為在某些方面有難處呢？如果急需要產品，我們可以從本地庫存裡面臨時先調些貨給您，另外關於贈品問題……」

選擇三

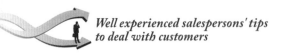

客戶：「我們只給一天時間，另外贈品也要有啊，沒看過人家這樣做生意的。」

業務員：「我們的貨車將貨物運到這裡最快也要一天的時間，另外以我們的報價來說是不符合送贈品條件的，不知道您會這樣要求是否因為有什麼原因呢？我們公司都非常樂意幫您解決。」

客戶雖然喜歡產品，但卻拼命殺價

客戶明明很喜歡產品，卻還是拼命殺價，因為客戶越是喜歡產品，就證明了他手上的談判籌碼越少，也就越容易妥協。在這種情況下，業務員只需要考慮在不破壞良好交流氛圍的前提下，如何能讓客戶甘心地放棄殺價的想法就足夠了。

銷售現場

業務員：「聽了這麼多介紹，我想您一定對這個戶外野炊組合很瞭解了，對嗎？」

客戶：「嗯，我很喜歡，這樣我們外出郊遊的時候會更方便有趣。不過你們的價格太貴了，再便宜個500元的話我想我能接受。」

（或者：我蠻喜歡的，不過你們的價格太貴了，如果打七折的話我會考慮一下。

產品還可以，就是價格太貴，再降200元如何，如果可以我馬上買。）

錯誤的應對

❶ 送贈品可以，但是絕對不可能降價。
❷ 這個價格已經很划算了，如果再打折我們就賠本了。
❸ 我們這裡都是照定價賣的，不講價錢。

問題分析

客戶喜歡產品，即便你堅持價格，不採取任何勸說方式，也許客戶最終也會妥協。但是業務員過於直接地拒絕客戶，就像在給客戶下逐客令，會讓客戶產生反感，所以會存在著失敗的風險。因此在這種情況之下，業務員還是要掌握有效的溝通技巧，盡快消除客戶的殺價想法：

1．給客戶壓力

這種情況下客戶決定價格的權力非常小，所以只要給他一點壓力，就有可能使他放棄殺價的想法。例如你可以向客戶表示所售的產品數量有限，或是優惠日期馬上就要截止，這樣就會給客戶造成一種緊迫感，耗盡他僅有的談判籌碼，使其轉而珍惜產品，放棄殺價的想法。

2．轉移客戶的關注點

客戶明明很喜歡產品，卻仍然要拼命地殺價，說明客戶的注意重點擺在價格上，所以你可以適當地介入其他因素來轉移客戶的注意力。例如在許可的範圍內送給客戶一些小禮物，如果能夠與產品有關聯更好，然後向客戶介紹贈品情況。但需要注意的是，向客戶表明送贈品的意思最好在溝通過半之後，否則過早亮出底牌，很容易使你的立場變得被動。

3．耐心向客戶說明不能降價的原因

理由充足的語言才有說服力，所以除了運用一些技巧減輕客戶的砍價想法，耐心地向客戶解釋也是不可少的。在回應客戶時，可以把無法降價的理由告訴他，這些理由最好是無可挑剔，毫無遺漏的。

4．真誠地向客戶表明無法降價

如果你毫不在乎地告訴客戶你的產品無法降價，那麼絕大多數的情況下，客戶都會覺得你是在敷衍他，甚至是故意不降價。所以如果想消除客戶的殺價心理，你就必須讓客戶真實地感受到：價格的確不能再低了。例如：「您真是難為我了，我真的想和您做成這筆生意，但是又真的無法去滿足您這個要求……」

5．在其他方面給予彌補

客戶得不到優惠，自然不願善罷甘休。如果你的說服和引導效果不夠，那麼還可以向客戶表示：既然不能降價，那麼我就在其他方面為您做點什麼吧。這樣一方面告訴客戶的確無法降價，使他漸漸放棄殺價的想法，另一方面也能轉移客戶注意力，扭轉談價不攏的尷尬局面。

業務員：「聽了這麼多介紹，我想您一定對這個戶外野炊組合很瞭解了，對嗎？」

選擇一

客戶：「嗯，我很喜歡，這樣我們外出郊遊的時候會更方便有趣。不過你們的價格太貴了，再便宜個500元我想我能接受。」

業務員：「先生，其實您已經是我們的老客戶了。我給的價格也考慮到了我們的合作關係，真的不能再低了，這一點請您多包涵。而且這套戶外野炊組合您又這麼喜歡，如果最後賣完而您錯過了，那就太可惜了。」

選擇二

客戶：「我蠻喜歡的，不過你們的價格太貴了，如果打七折的話我會考慮一下。」

業務員：「其實這套戶外野炊組合真的很划算，我是真心地想賣給您。不過您這樣真的是為難我了，價格真的不能再降了。那您看這樣好嗎？除了降價之外，您覺得還能在服務上做些什麼，都可以提出來，我都會盡量去滿足。」

選擇三

客戶：「產品還可以，就是價格太貴，再降200元如何，如果可以我馬上買。」

業務員：「先生，價格的確不能再降了。這樣吧，您也別為難我了，考慮到我們的合作關係，我個人送您一件非常實用的贈品，而且可以在野炊的時候使用。我介紹一下這個贈品……」

以自己是老客戶為理由，不斷殺價

情景說明

以老客戶自居，要求業務員不斷降低價格，這是客戶殺價時經常用到的方法。這同時也為難不少業務員，不給殺價，銷售場面就可能出現停滯，甚至失去老客戶；如果同意客戶要求降價，產品銷售利潤就會降低，甚至賠錢，而且即便是這一次按照客戶提出的要求讓價，下一次對方再購買產品時，肯定還會不斷地殺價，這樣一來，你與這位老客戶的交易就會越來越難達成。

銷售現場

業務員：「這組21吋Full HD寬螢幕有1680×1050最大解析度，並具有數位視訊介面（DVI）連線能力，並且還符合節能設計，非常符合您的要求。」

客戶：「可是這價格……我都是你們的老客戶了，怎麼和新客戶一樣，都沒有打折啊？」

（或者：我是你們的老客戶了，不能便宜一點嗎？別家都還打八折呢。

我在你們這裡買的東西不少，打個八折吧，不然我就不買了。）

錯誤的應對

❶ 這是新品，我們老客戶新客戶都是均一價。
❷ 別家打八折，那是什麼產品呀？根本不能跟我們這個比。
❸ 真的沒辦法打折，不然這樣，我多送您一個贈品好了。

問題分析

銷售人員不要認為老客戶上門諮詢你的產品就能百分之百成交，很多時候，老客戶再次上門是對產品的一種肯定，但是現在的客戶都很精明，一旦他要再次購買你的產品時，通常都會以老客戶自居想要壓低價格，這種時候業務員要如何面對呢？

1．委婉拒絕

很多業務員認為：老客戶嘛，價格低就低吧，畢竟維護一個老客戶比開發一個新客戶容易得多。其實不然，如果業務員一再滿足老客戶降價的要求，那麼對方就會在每次購買產品時都會要求降價，而且一次比一次幅度更大，使得業務員越來越難以跟他周旋。所以，不要怕得罪老客戶，對於對方提出的降價等要求，不能一概答應，要委婉地拒絕。

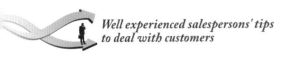

2．打好關係

對於老客戶，業務員一定要處理好跟對方的人際關係。原因在於：作為業務員來說，維護一個老客戶絕對比開發一個新客戶容易得多；而以客戶的立場來說，畢竟之前與你有過交易，比起那些沒有接觸過的業務員，你還讓他更熟悉、放心一些。所以如果你與客戶的關係比較好，很多時候價錢並不是最大的障礙，不過前提是你們的關係要很良好，所以說老客戶的閒事比正事更重要。那麼，業務員應該利用哪些「閒事」處理好跟老客戶的關係呢？

- 老客戶閒暇時，常去拜訪他。
- 拜訪時可帶點小禮物。
- 有適合對方的新產品上市時，即時通知他。
- 在對方有空時，週末約他一起打球、出遊等。

3．突顯出與同類產品的差異處

既然客戶以老客戶自居殺價，那麼你也要找到理由堅守價格界線，那就是突顯出產品在同類產品的特別之處，也就是那些比較顯著的優點，找到產品優秀不降價的理由，以此間接地告訴客戶產品物超所值，不能再降價。

4．提示客戶下次不可過分殺價

在成交之後務必要提示客戶，對於這樣的老客戶，你已經特別做了不少照顧，下次再合作時，就不要再過分殺價了。這樣一來，如果下次客戶再殺價時，你也有話可說，可以防止對方習慣性地砍價。

你可以這樣做！

業務員：「這組21吋Full HD寬螢幕有1680×1050最大解析度，並具有數位視訊介面（DVI）連線能力，並且還符合節能設計，非常符合您的要求。」

選擇一

客戶：「可是這價格……我都是你們的老客戶了，怎麼和新客戶一樣，都沒有打折啊？」

業務員：「是這樣的，我們公司的定價策略和其他品牌不同，我們的產品價格都是最實惠的，一般的折扣和優惠都已經包含在裡面了，因為公司希望每一位客戶都能擁有最物超所值的產品。不過您的意見也非常好，我們會向公司反應，如果有什麼優惠方案出來，我們也會馬上通知您，這樣好嗎？」

選擇二

客戶：「我是你們的老客戶了，不能便宜一點嗎？別家都還打八折呢。」

業務員：「您是我們的老客戶，我們當然有優惠，不過都已經包含在折扣裡了。其實您應也有看到，這裡有打八折的非新款寬螢幕，但是我相信您更喜歡這組，這組Full HD寬螢幕能讓您的視野更開闊……」

選擇三

客戶：「我在你們這裡買的東西不少，打個八折吧，不然我就不買了。」

業務員：「我知道，您在我們這裡每次購買的金額都很大，我們也非常感謝您一如往常的支持。但是這組螢幕是新品，所以目前還沒有接到可以優惠的通知。不過您的意見很好，我們會反應上去，同時也希望您今後能多提供寶貴意見，這樣我們才能更滿足老客戶的需求。」

客戶不要贈品，只要降價

現在的銷售活動常常會送贈品，例如買化妝品送一把洋傘、買空調冷氣送小家電、買辦公設備送數位產品等等，這本來是促銷的一種方式，而且對於大多數的客戶也十分有效，但也有個別客戶以不要贈品為條件要求降價。這是常見的情景，通常此類客戶都比較理智，也追求實際，在他們看來贈品都只是小恩小惠，不如直接降價，同時這種客戶也比較難應對，如果業務員直接拒絕，很可能就會造成交易失敗，而如果接受，即便銷售成功也失去了基本的原則。

銷售現場

業務員：「另外，我們還會送給您一份精美的禮物作為贈品，聽了我的介紹，您還有什麼不清楚的地方嗎？」

客戶：「沒有了，不過可不可以不要贈品，直接降價呢？」

（或者：我不要贈品，把它換成折扣吧。

直接降價不好嗎？為什麼非要訂高價再來送贈品呢？）

錯誤的應對

❶ 不好意思，我沒有這個權利決定。
❷ 您可真會精打細算呢，不過這些贈品是拿來送的，不能抵作折扣。
❸ 如果客戶都像您這樣那我們都要虧本了。以前是不送贈品的，但價格還是一樣的，您覺得哪個才划算？

問題分析

在客戶看來，不要贈品，只要降價似乎並不是什麼過分的要求，但是對於業務員來說，這的確很為難。雖然客戶的要求並不合理，但是「客人就是對的。」想要跟客戶達成最終交易，業務員就必須朝著利於自己的方向來引導客戶：

1．給客戶留面子

說服客戶唯一的方式就是溝通，而溝通的前提是氣氛的和諧，如果針鋒相對、撕破臉，結果通常是兩敗俱傷。所以想要說服客戶，就必須保持和諧的局面，即便客戶的要求多麼不合理，都應該保持微笑和良好的態度，這是銷售人員所需要具備的基本素質，也是此時最該去保持的狀態。你可以委婉地拒絕客戶的要求，並向客戶表示歉意，然後明確地向他說明緣由，在平和的談話環境下，你的話才會更有說服力。

2．清楚解釋贈品與價格的關係

作為客戶，他只會考慮自己的付出和獲得是否值得。很少會考慮到贈品與產品、價格之間的內在關係，認為贈品與價格之間是可以相互轉化的。但是業務員都知道，贈品只是吸引客戶的一種方式，隨便用贈品打亂產品價格是幾乎不可能的事。所以你應該明確地向客戶解釋清楚，讓客戶明白贈品與產品價格之間根本沒有關係，使他知道事實真相，耐心地為對方解說。一旦清楚了兩者之間的內在關係，一般通情達理的客戶都會放棄這個要求。

3・強調贈品的使用權限和價值

贈品不是分文不值，也不是每位客戶都可以享有的。在與客戶溝通時，應該明確地向客戶表明贈品的價值和使用權限，讓客戶知道這是因為他購買的產品數量夠多或者是購買總金額達到多少之後，才能夠得到這件贈品，得到贈品的機會不是人人都有的，使客戶感覺到贈品的稀有性。這樣客戶就會更加注意到贈品的價值，而逐漸消除以贈品換打折的念頭。

總之，客戶的這種要求不甚合理，想要最終能說服客戶，需要業務員具備良好的個人素質和專業態度。只要能適當地運用以上這些方法，絕大多數客戶都會做出讓步。

你可以這樣做!

業務員：「另外，我們還會送給您一份精美的禮物作為贈品，聽了我的介紹，您還有什麼不清楚的地方嗎？」

選擇一

客戶：「沒有了，不過可不可以不要贈品，直接降價呢？」

業務員：「對不起，我們的贈品都是在商品正常銷售的基礎上，額外

贈送給客戶的。我們的活動也是前幾天才開始的，在這之前，其他客戶如果跟您一樣花費相同的費用，是沒有送贈品的，而且這些贈品還能搭配產品使用……」

選擇二

客戶：「我不要贈品，把它換成折扣吧。」

業務員：「**（表現出歉意）**真的不好意思。其實大家都希望自己買到的東西可以更便宜，但是我們的贈品只能做贈送不能抵折扣。而且這款贈品是我們公司精心準備的，只有像您這樣跟我們合作過兩年以上的VIP客戶才能享有的啊。主要是您購買的產品對您來說非常適合，這才是最重要的。」

選擇三

客戶：「直接降價不好嗎？為什麼非要訂高價再來送贈品呢？」

業務員：「**（微微一笑）**真的很抱歉。我們的贈品都是在產品正常價格的基礎上贈送給客戶的，與產品本身價格並沒有什麼關係，真的沒有辦法換成折扣，請您諒解。而且我們送出的這些贈品都很實用，您在使用產品時都能用得上，例如……」

scene 51 客戶利用產品的缺陷殺價

情景說明

利用產品的缺陷殺價是客戶在購買產品時經常使用的一種方法，面對客戶如此的殺價法，業務員常常不知如何處理，如果承認產品缺陷，就可能被迫降價，如果不承認，就容易給客戶留下不真誠的印象。如何才能正確處理客戶的這種殺價方式，就成了業務員工作中的難題。但是想要做好銷售人員，並把產品以好價錢賣出，就必須學會處理這樣的情況，事先思考一些應對措施是不可少的。

銷售現場

業務員：「小姐，我們的梳妝台價格是**5790**元，實木材質，雕工細緻，絕對讓您用得放心。」

客戶：「這個梳妝台上的鏡子形狀太難看了，放在上面感覺就很沒有品味。**5000**元，多一塊我也不買。」

（或者：現在的抽屜內層都有軌道，你們的就沒有，一看就是以前的款式，**4500**元我就買。

這個抽屜裡面怎麼沒有塗漆？便宜一點吧，**4800**元。）

錯誤的應對

❶ 這種鏡子搭配梳妝台最適合了，放在一起非常有品味，您怎麼能說不適合呢？我看就非常適合啊。

❷ 降價不可能。您知道現在流行簡單中帶有質感那樣的風格，傢俱也一樣，這樣的設計沒有多加錢就不錯了，很多人想找這種傢俱都還找不到呢。

❸ 對，這款梳妝台抽屜裡面都是不上漆的，別款也是一樣。

問題分析

產品缺陷是銷售時的弱點，這也是客戶以此作為殺價重點的原因。對於業務員來說，客戶的這種殺價方式當然是要制止的，業務員挺身維護產品在客戶心目中的價值固然沒有錯，但是如果不注意方法，就會讓客戶留下素質不高、態度不佳的印象，而影響到銷售進展。所以對於這種情況，業務員不僅要制止，還要委婉、巧妙地制止，這就需要使用一些有效的溝通技巧：

1．承認產品缺陷

沒有哪一件產品是十全十美的，或多或少都會存在一些缺陷。如果客戶提出的產品缺陷非常客觀，那麼不妨真誠地接受並承認，雖然這會暫時使你陷入談判劣勢，但是作為一名業務員，這樣的素質是必須要具備的，同時也是為了贏得客戶。回應客戶時，你要表現得懇切而虛心，並適當地向客戶表示贊同，例如：「這的確是我們的疏忽，您的觀察真是仔細……」

2・利用產品優勢吸引客戶

承認缺陷的目的不是向客戶甘拜下風，答應降價要求，而是以此為契機，承接下一步的策略，也就是我們現在提到的：以產品優勢吸引客戶。產品優勢是產品的發光點、賣點，無論何時，你都應該在言語中將產品優勢凸顯出來，在產品缺陷已成事實的情況下，突出產品優勢才是增加客戶對產品注意度的關鍵。這時你的承認缺陷就發揮了作用，也就是套用先否定自己後肯定自己的回應方式：我承認……不過……。這種回應方式不僅足夠婉轉，而且也能表明你的誠懇和觀點，使客戶比較容易接受。

3・讓客戶感覺物有所值

客戶殺價的目的無非是認為眼前的產品不夠物美價廉，不能讓他產生物有所值的感覺，自然也就不願意付錢。而想要消除客戶的殺價心理，你需要想辦法讓客戶產生物有所值的感覺，例如向客戶介紹產品的影響力、受益人群、市場需求度、為客戶計算CP值等。在溝通中，可以向客戶出示產品的獲獎情況、品質認證結果、宣傳照片等，這些實際的資料都能幫助你更好說服客戶。

4・不急不躁耐心引導

如果客戶提出的產品缺陷是出於主觀，或是他的認識有偏差，那麼你千萬不要為了證明他是錯誤的而馬上提出反駁或是急於辯解，因為這樣只會引起客戶更大的不滿。最有效的解決方法就是保持冷靜，不要與客戶展開爭論，因為弄清誰是誰非對你來說並沒有用，你最終的目的是要與客戶達成雙贏，順利完成銷售工作。所以面對客戶的不合理降價要求，先要保持心態的平和，然後耐心地向客戶解釋因果緣由，消除客戶的主觀概念，引導客戶正確認識產品。

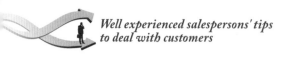

總之，客戶殺價的目的在於以最少的錢買到最超值的產品，而我們銷售的目的就是為了獲得利潤，所以在銷售中我們就要做到既滿足客戶的心理需求，又保證自己的銷售利益不受侵害的成交結果，熟練運用以上的溝通方法，就能讓在銷售中掌握平衡，有效處理並逆轉這種情況。

你可以這樣做！

業務員：「小姐，我們的梳妝台價格是5790元，實木材質，雕工細緻，絕對讓您用得放心。」

選擇一

客戶：「這個梳妝台上的鏡子形狀太難看了，放在上面感覺就很沒有品味。5000元，多一塊我也不買。」

業務員：「其實這款鏡子第一眼看會覺得和梳妝台有些不搭配，但是如果您仔細觀察就會發現，這面鏡子的確是跟梳妝台非常相襯的。例如鏡子外邊緣的雕刻花紋，就跟抽屜把手、還有桌腳的花紋互相對應，可以說是非常精緻的設計，十分有質感，就像您一樣，非常高雅，您用這款梳妝台太適合了。」

選擇二

客戶：「現在的抽屜內層都有軌道，你們的就沒有，一看就是以前的款式，4500元我就買。」

業務員：「現在流行復古風，我想像您這樣時尚，一定比我更清楚，這款梳妝台的抽屜是設計師的特殊設計，就是為了突顯並帶出復古跟田園的風味，跟梳妝台的顏色也非常搭配，您也一定很喜歡吧？」

選擇三

客戶：「這個抽屜裡面怎麼沒有塗漆？便宜一點吧，4800元。」

業務員：「真是不好意思，這的確是我們的疏忽，不過這款梳妝台無論外觀還是顏色、它做工都非常好，風格又很適合您，如果您打算購買的話我們會馬上從庫存裡調新貨，保證不會再出現這樣的情況。」

scene 52 面對負面評論，切勿急於辯解

面對一些對自己產品不利的負面評論時，業務員們往往急於用自己的觀點及專業來證實這些錯誤評論，但這反而會引起客戶的反感。業務員要學會運用溝通的技巧，首先實事求是地承認某些可能真的存在的問題，然後設法將客戶的注意力轉移到產品的其他優勢上，同時用情感來軟化對方，用證據來說服對方。

銷 售 現 場

一位男性來到一家汽車行，進門之後，他走到一款轎車面前，此時業務員迎了上來。

業務員：「先生，您好，想要看看這款轎車嗎？」

客戶：「嗯，先瞭解一下。」

業務員：「這款轎車外觀穩重、大方，而且重點是非常省油，是我們賣最好的一款轎車，既適合家用，也適合商務用。」

客戶：「嗯，這款車的外觀和耗油量倒是都可以，但是最近媒體不是都在報導這款車的剎車失靈，安全性差嗎？那怎麼還不降

價呢？」

業務員：「那是去年的一批車，現在的都沒有這些問題了。而且現在媒體和消費者的傳言也容易誇張化，我們國內的車款從來沒有出現過問題，其實也根本沒有大家想像的那麼嚴重。現在的品質都很好，安全性都有絕對的保證。」

客戶：「是嗎？你說的還真簡單，那為什麼現在這款車很多都被召回了呢？」

（或者：但是發生意外就是事實，你們也不能不承認吧。我覺得還是應該要降價才合理。）

錯誤的應對

❶ 不是剛才跟您說了嘛，那是去年的一批，今年的都沒有這問題了。

❷ 其實去年的也沒有出現什麼大事故，都是媒體過度宣傳的。

❸ 我們車款的品質跟安全性已經都獲得了保證，沒有降價的需要。

問題分析

任何企業和品牌都不希望出現負面評論，但是如果發生了，業務員就要以真誠、智慧來應對。案例中的客戶提起產品安全問題和召回事件，業務員就急於辯解，而且還說：「媒體和消費者傳言太誇張」，這顯然不是明智的選擇。面對負面評論，如果是真實發生的事件，業務員無妨就坦誠承認，並且告訴客戶公司針對事件的應對措施，重新建立起客戶對產品的信心。如果不是真實的，業務員就要耐心地向客戶解釋。另外，業務員還要瞭解客戶為什麼要提出產品的負面評論，只有掌握他的想法，才能對症下藥，贏得交易。

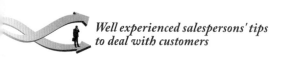

負面資訊是指對企業的形象、產品、品牌帶來不良效果的各類情報，尤其是隨著網路的發達，為負面資訊的傳播提供了更便利、更快速的媒介。一家企業若是做大之後，總避免不了有一些負面評論出現，例如對產品或服務不滿意的客戶所散播的負面評論、競爭對手所抹黑的負面評論、或是有人為了敲詐勒索所發佈的負面評論等等。那麼我們該怎麼處理這種狀況呢？

1．運用迂迴戰術，置死地而後生

銷售工作中，業務員經常會遇到這樣的客戶，他們不想買我們的產品，於是把產品說得一無是處。但是也有些客戶，他們明顯地對產品有需求，卻也是將產品貶低得一文不值。如果客戶明確對你表示：你的產品有問題、你的公司商譽不好，而拒絕你的推銷，那麼你是立刻據理力爭地給予反駁，還是退縮不前、就此放棄？還是重新想好對策繼續與客戶周旋？事實上，任何一個銷售高手都不會就此放棄的，但是，他也不會直接反駁，而是發揮自己的智慧與韌性，運用迂迴戰術，置死地而後生。

經驗的學習至關重要。為什麼客戶會對業務員所銷售的產品，甚至所生產的公司存在著那麼大的反感？既然客戶都過來詢問產品了，為什麼還要說產品的壞話？為了讓大家深刻體會如何應對這類客戶，以下為各位具體分析。

（1）銷售開始時的負面評論

銷售初期是容易出現問題的薄弱環節，也是最容易遭到客戶拒絕的階段。有些客戶，會在一開始就大說特說產品或公司的負面評論。例如：「我知道你們的化妝品，路上常碰到的都是你們的業務員，對不起，我不需要！」在銷售剛展開的時候，客戶通常會固定一些思維，就是他們排斥業務員，而說這些負面評論的目的是想讓自己免受其擾。

針對這一類型的客戶，業務員要有足夠的毅力迎難而上。如果能在這種情況下攻破客戶的心理防線，那麼後面的溝通就能很順利。只有堅持不懈地與客戶建立聯繫，取得對方的信任，客戶才會意識到評論的虛假性，自然就不會拒絕了。

（2）涉及成交時的負面評論

在涉及到產品成交價格的問題時，有些客戶也會提出一些負面評論，或是產品存在的不足與缺陷，他們總認為業務員介紹的都是產品的優點，而故意掩飾產品的缺點和不足。

而在交易即將結束、快要簽下訂單的時候，客戶往往會產生一種不踏實的感覺，他們會拼命地尋找產品還有哪些瑕疵或者還有哪些沒考慮到的問題，以尋求、確認自己心目中最理想、完美的產品。

另一方面，他們通常也是想透過負面資訊來達到降價目的。這些客戶明明對產品愛不釋手，但為了壓低價錢，就對產品百般挑剔。他們一般會對產品的品質、品質、外觀、顏色等提出諸多異議。面對這樣的客戶，業務員如果用消極的態度回答，肯定會引起客戶的反感。所以，業務員要瞭解客戶此時說一些負面評論的真正目的，分析客戶拒絕的原因和真實想法，再針對客戶最關心的、最拿不定主意的問題，提出有效的解決辦法，打鐵趁熱、一舉拿下訂單。

2·秀盡優點，不如暴露一點點缺點來得真實

現在很多業務員說起自己所售產品的優點與能帶來的好處時，往往

說得頭頭是道、天花亂墜還滔滔不絕。也許他們早就準備好了如何介紹自己產品的優勢，但卻對於他們的產品和其他同類產品相比有什麼缺點來說一無所知，甚至乾脆回答「沒有缺點」。

業務員不敢承認產品的缺點就如同一個企業不願意承認自己的服務做得不夠好。可能是業務員事先根本就沒有考慮過自己的產品和服務對客戶來說會有哪些缺點，也可能是客戶在購買並使用產品過程中發現問題，企業或者業務員卻不承認這個事實。他們一心只想著賣出產品，於是便向客戶大談完美之處，誤導了客戶。而當客戶使用了有缺陷的產品時，自然會對滿口好話的業務員產生不滿情緒而發佈負面評論。

我們說，面對客戶提及有關產品或服務的負面評論時，業務員要做到以下幾點：

（1）耐心傾聽客戶的負面批評

面對客戶的負面評論時，業務員首先要判斷這些評論的真實性，以及這些評論所涉及的產品問題。然後，我們就應該耐心、虛心地傾聽客戶的挑剔與觀點，不能厭煩、排斥甚至拒絕客戶，只有站在客戶的角度上冷靜分析，才能知道客戶談及這些問題的真正原因。

（2）承認產品的不足

享譽全球的成功學大師博恩•崔西說：「展盡優點，不如暴露一點點缺點來得真實。」其實客戶心裡也十分清楚，任何產品都不是完美無缺的，都會存在著一些缺陷。業務員與其虛偽地掩飾產品的不足、把它們視為阻礙銷售的不利因素，倒不如把這些缺點坦誠地告訴客戶。誠實是獲得客戶信賴的基礎，也會增加客戶對產品品質的信心，永遠不要把產品缺陷當作是一項秘密，更不能欺騙客戶，因為當客戶一旦發現業務員的有意隱瞞，勢必會導致你商譽的喪失，無論之前的溝通有多麼愉悅。所以說，當產品的某一項性能不能符合客戶要求時，不妨主動承認，然後再想辦法用產品的其他優勢吸引客戶。

（3）始終保持微笑

無論客戶的負面評論有多麼地不堪入耳，業務員也要始終保持微笑。微笑不僅是解除尷尬的最佳方法，更是內涵與修養的表現。如果客戶的評論是事實存在的產品問題，業務員應妥善回答，而如果客戶的言辭有捕風捉影的虛假成分，業務員不妨用微笑迴避，一個微笑，大家都心知肚明。

（4）承認產品缺陷也有技巧

承認產品的不足也需要講究技巧，要做到既保持誠信又不至於讓客戶因為產品缺陷而卻步。對於可以告訴客戶的事情，要主動、坦誠，態度認真，讓客戶覺得你十分誠懇，但是這些問題的內容一定要是無礙大局的，對方勉強可以接受的。而對於那些不方便說或者不能說的公司機密問題，也要誠實地告訴客戶不方便說，不要遮遮掩掩的。

3・收集最有力的證據，說服客戶

面對一些不存在的負面謠言，最好的辦法就是用事實攻破。客戶在購買產品時都希望買到最安全、最理想的，他們一般都對於不瞭解的產品有防備心，也更容易受到其他評論的影響。但是，耳聽為虛，眼見為實。業務員要積極採取措施來消除客戶的戒備和顧慮，提供給客戶最有效力的證明，用最有力的證據來說服客戶。證明那些負面評論的虛假性，證明自己產品的真實性、安全性，讓客戶毫不猶豫地放心購買產品。

（1）讓客戶親身體驗產品的功能

讓客戶親身體驗產品的品質、功能以及優勢等，是為了讓客戶瞭解產品的使用價值和特殊之處。只要客戶認可了產品，那麼那些負面評論自然不攻自破，從另一個角度上來說，一些技術成份較高的產品，業務員很難單憑講述就將難懂的專業知識傳達給客戶知道。而透過客戶的現場實際操作，不但能展示出產品的功能，更能證明出產品的品質，讓客戶更直觀地瞭解並掌握產品。

（2）用真實準確的資料文件

準確且真實的資料，對於說明產品品質最有說服力。如果業務員能把準確的資料傳遞給客戶，不但能夠消除客戶對負面評論的顧慮，更能證明產品的可靠性、贏得客戶的信賴。

（3）專業機構的證明

世界上最偉大的銷售員喬・吉拉德，他在自己的辦公室牆上掛滿了他榮獲的各種獎章，以及一些刊登自己事蹟的報紙、雜誌、文章等，當然還有他和某些有力人士的合影照。

當客戶對產品的品質或其他問題提出一些負面批評時，業務員可以利用專業機構的證明來推翻客戶的觀點。專業機構的證明，包括一些產品的合格證書、榮譽證書、專家或科研機構的認證等，這些專業機構的證明一般都具有權威性，對於有關產品或公司的負面評論，有非常大的影響力和反駁力。

（4）利用客戶的有效回饋

客戶的有效回饋，包括滿意客戶的回饋資訊，客戶贈送的讚美函、感謝信等，這些對於證明產品的品質同樣具有說服力。所以，業務員平時要留心收集，在銷售過程中，可以用這些回饋資訊說服客戶，突破客戶的心理防線。

（5）讓負面評論增加銷售量

眾所皆知，口碑行銷是銷售領域中最重要的行銷手段之一，人們將使用某一種產品或服務的感受，傳達給第三者，從而讓其他人也瞭解這個產品或服務。而業務員更要讓客戶看到各方人士對產品的公正評價。如果客戶聽到有關產品的正面評論，那麼將有助於化解客戶的購買疑慮，堅定購買信心。如果客戶聽到負面的評論，業務員更要學著引導客戶，揭露虛假的負面評論，藉助真實存在的缺陷來引發客戶的理性思考，從而幫助客戶選擇更適合他們的產品，減少退貨率和售後服務的麻煩。

讓客戶知道有關產品的負面評論，這不一定會減少銷售量，從某種意義上來說，某些負面評論反而會引發正面效果。

你可以這樣做！

業務員：「那是去年的一批車，現在的都沒有這些問題了。而且現在媒體和消費者的傳言也容易誇張化，我們國內的車款從來沒有出現過問題，其實也根本沒有大家想像的那麼嚴重。現在的品質都很好，安全性都有絕對的保證。」

選擇一

客戶：「是嗎？你說的還真簡單，那為什麼現在這款車很多都被召回了呢？」

業務員：「我知道先生您擔心車子的安全問題，我們公司對於那次事件中的那一批車已經全部召回，這裡也有詳盡的召回紀錄，而您現在所看到的車款，都是經過全面檢測沒有問題的。」

選擇二

客戶：「但是發生意外就是事實，你們也不能不承認吧。」

業務員：「是的，的確發生了讓人遺憾的事，這是我們的責任。因此在事件之後，我們公司對於車款的煞車及安全氣囊部分等車內安全措施都進行更全面性的檢測，先生您反而能夠更放心，不是嗎？」

選擇三

客戶：「我覺得還是應該要降價才合理。」

業務員：「先生您可以看看我們的車款安全檢測出來的報告，還有它的品質認證書，這些都顯示出它還是值得這個價位的，還有許多客戶留下的試乘心得，您都可以參考看看後再決定。」

Chapter 6

售後服務

～成交之後更要做好服務

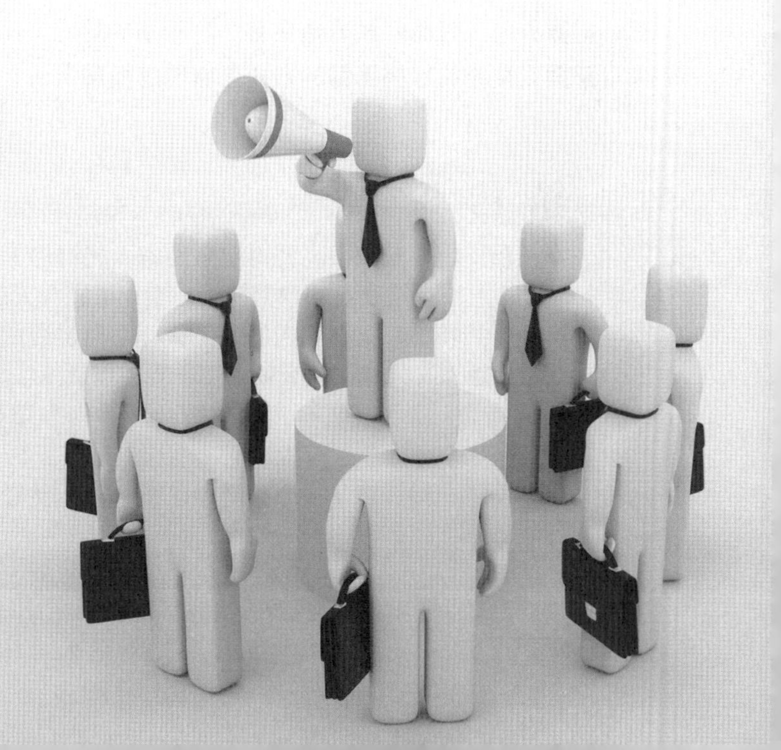

scene 53 購買產品後，客戶抱怨產品不好要求退貨

情景說明

客戶購買產品之後，又以對產品不滿意為由要求退貨，這是一個棘手的問題。一般出現這種情況的話，問題往往不在產品本身，多數是客戶主觀臆斷的結果，因此也會有業務員表現出強硬的態度，堅決不予退貨，結果就是讓雙方談話進入僵局，導致客戶更強烈地堅決要退貨。其實業務員的初衷並沒有錯，但是這種做法確實不可取，想要消除客戶的退貨心理，就應該試著端正客戶對產品的認識，使客戶對產品滿意，這都需要業務員掌握適當的方式來處理這種情況。

銷售現場

業務員：「小姐，很高興再次見到您，記得您上禮拜在我這裡買了一款寶寶英語學習時鐘，不知道您今天想選購些什麼？」

客戶：「我不是來買東西的，上禮拜在你這裡買的學習時鐘太容易壞了，才用了兩天就壞了，我想退貨。」

（或者：上禮拜在這裡買的學習時鐘，回去讓寶寶用都覺得不適合，你還是幫我退吧。

上禮拜買了這學習時鐘之後，我突然覺得它的音樂太吵了又耗電，我想退貨。）

錯誤的應對

❶ 這不是品質問題，所以我們是不能退貨的。
❷ 這個學習時鐘是您自己選的，當時您還很喜歡，現在又不喜歡了，這樣是您的個人原因，不能退貨。
❸ 您買的時候不是很喜歡嗎？這樣我們也沒辦法，不太可能退貨。

問題分析

面對這種情況，有的業務員會措辭激烈、急躁應付，或者只是簡單機械式的應付了事，但是這樣就會讓客戶留下推卸責任的印象，自然難以得到客戶的認同。對於這種退貨要求，有這樣一套正確的解決方法：

1．弄清楚客戶認為產品不好的原因

解決事物需要究其根本，從事物根源上著手。客戶抱怨產品不好，也一定有原因，即便客戶要求退貨的原因是出於主觀，也要弄清楚他們到底是什麼想法，為什麼會這麼想，所以就要多向客戶提問，並給客戶闡述觀點和意見的機會，讓他們完整地表達他們的意思。在客戶闡述的過程中，要做到認真傾聽，即便是客戶的觀點不合理，也不要打斷客戶的談話，否則就會讓客戶對你留下不禮貌的印象。待客戶說完原因後，再根據具體情況做出相應的處理。

2．在合理範圍內幫助客戶解決問題

任何工作都需要善始善終，銷售也不例外，它從來不是以成交作為

結束，業務員能夠善始善終地為客戶服務，才能真正贏得客戶的青睞。如果客戶拿回的產品符合退換貨的標準，業務員就要適當地做出讓步，並告訴客戶本來這種情況是不退換貨的，這樣就可以避重就輕的解決事情，能換貨的絕不退貨，以此來保證銷售利益。

3・消除客戶對產品的不正確認識

有時客戶認為產品不好可能是因為自己的使用方法不對或是對產品的認識不正確。對於這種情況，只要業務員能夠婉轉的加以說明，一般都是可以解決的。例如客戶因為個人觀點的侷限認為肩背包的顏色不好搭配衣服，業務員就可以以色彩搭配法為客戶選出可以與肩背包搭配的顏色，透過引導讓客戶轉變認知，而去消除其對產品的不滿。

4・不要激怒客戶

如果客戶的退貨要求過於主觀，並且執意要退貨，那麼你也不能言辭激烈地反駁，以免局面最終難以收拾。你可以透過引導的方式與客戶進行溝通，如果客戶仍然執意要退貨，那麼在准許的條件下，你可以改為換貨，並告訴客戶這是底線。而如果客戶的情況不能換貨，就要向客戶說明原因，並誠懇地向客戶道歉，對於你的這種態度，一般通情達理的客戶都不會再繼續糾纏不放。

5・向客戶表示歉意

道歉是舒緩緊張關係的好方法。像是一個人踩了另一個人的腳，一句「對不起」，就可以消除一觸即發的怒氣。而在銷售工作中也是，無論造成雙方關係緊張的原因是什麼，業務員只要先說一聲道歉的話，就能讓氣氛馬上變得和諧起來。所以對於這種情況你首先應該先向客戶表示歉意，這會讓客戶的心情放鬆下來，而更願意和你交談下去。

總之，銷售工作是以客戶滿意作為完美結束的，無論客戶退貨的原因是在於產品本身還是出於主觀，業務員都要能以良好的態度面對，並且盡己所能地去解決客戶需求。只要能夠做到上述幾點，一般都能處理好這種棘手情況。

業務員：「小姐，很高興再次見到您，記得您上禮拜在我這裡買了一款寶寶英語學習時鐘，不知道您今天想選購些什麼？」

選擇一

客戶：「我不是來買東西的，上禮拜在你這裡買的學習時鐘太容易壞了，才用了兩天就壞了，我想退貨。」

業務員：「真是對不起，因為這件事讓您在這麼熱的天氣特地跑一趟。這種英語時鐘並不容易壞，可能是使用方式，另外它在小朋友沒有跟它互動時會自動切斷電源，您是不是誤會了呢？」

選擇二

客戶：「上禮拜在這裡買的學習時鐘，回去讓寶寶用都覺得不適合，你還是幫我退吧！」

業務員：「小姐，這種寶寶英語學習時鐘今年非常受到歡迎，全英語發音而且還能播放音樂，是不是您的使用方式不對呢？我來為你說明一下。」

選擇三

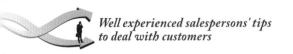

客戶：「上禮拜買了這學習時鐘之後，我突然覺得它的音樂太吵了又耗電，我想退貨。」

業務員：「是這樣子的，其實我們的產品賣出後一般都是不退不換的。不過既然還蠻新的，我們可以考慮讓您換貨，我們最近又新到了一批寶寶英語學習教材，非常實用可愛，您可以在這其中選一款您更喜歡的。」

客戶反應產品降價太快

如果客戶在購買產品不久之後，發現產品降價很快，通常會產生抱怨，認為自己買得不划算，找業務員抱怨的情況也是常有的事。對於這樣的客戶，有些業務員除了表示愛莫能助之外，沒有其他的回應，但這也往往更讓這些認為自己「當了冤大頭」的客戶心理更不平衡，甚至強烈要求退貨，這樣的情況是任何業務員都不想看到的。處理產品快速降價帶給客戶的負面影響，就成了工作中的難題。其實想要減少這種情況的發生，業務員只需要做一件事，那就是讓客戶的心理得到滿足。

銷售現場

業務員：「先生，上個月我們見過面呢，您在我們這裡選購的戶外野炊組合用起來不錯吧？」

客戶：「是不錯，可是你們的產品降價也太快了，我才買了不到半個月，你們的產品就降了10%的價錢。」

（或者：你們的產品半個月就降了10%，我買得太不划算了，還不如現在再買。

目前我只用過一次，沒想到你們降這麼快，我真是虧大了。）

錯誤的應對

❶ 是啊，這款戶外野炊組合上市以來第一次降價，我也沒想到。

❷ 這個我們沒辦法，都是公司定價的。

❸ 您畢竟是先買先用，先享受到了，不能這樣說啊，對吧？

問題分析

對於客戶的這種疑問，業務員的回答通常會過於簡單或是答案呈現官方說法，沒有任何的說服力，因此也就難以扭轉客戶的不平衡心理，甚至因為用詞的不恰當，還會加遽客戶心理的不平衡，這無非是在銷售工作上添了更多麻煩。以下是幾項有效的說服方法：

1・從客戶角度認同客戶的感受

善於站在客戶角度考慮的業務員，通常會得到客戶們的喜愛，因為這會讓他們覺得自己受到重視。首先你必須從他們的角度裡認同其感受，真誠地去體諒他們的心情，就能在很短的時間裡拉近距離，成為他們的「盟友」，讓他們覺得你和他們站在同一陣線。而為了表達誠意，他們也會與你展開互動，願意與你進一步溝通，而這就是第一步，抓住他們的心，讓他們重視你的話，為接下來的說服工作做好準備。

2・真誠地解釋很快降價的原因

客戶對產品快速降價充滿疑問，所以就要讓他們瞭解產品降價的原因，給他們一個交代。與原價產品相比，降價產品通常存在著某些缺陷，有些是瑕疵，也有的不明顯，而這也就是你述說的關鍵——以降價之後產品本身的劣勢為出發點，使客戶知道降價之後，產品的總體使用價值或觀賞價值大大降低，使客戶產生那種「降價之後的產品的確不能跟我購買的產品相比」的感覺。

3．為客戶製造心理平衡感

客戶的心理被初步扭轉之後，需要進入最重要的一步，也就是為客戶重新找回平衡感，甚至為他建立起「降價之前購買獲得的益處更多」的心理，這需要使用更上一層的說服技巧。例如客戶抱怨，他從你這裡購買的皮包很快就降價了，你可以用「您買的時候正是這種皮包最流行的時候，是CP值最高的時期，降價之後皮包的流行趨勢降低，CP值也才降低」來勸導客戶，讓客戶感覺降價之後的皮包並不值得購買，自己以原價購買才更物超所值，更加划算。

總之，客戶向業務員反應產品降價太快，都是抱著一種極不平衡的心態而來的，平衡客戶的這種不平衡心理是業務員進行說服的最終目的，合理地運用以上的三點建議，耐心、真誠地對客戶進行說明，一般都可以使客戶滿意而歸。

你可以這樣做!

業務員：「先生，上個月我們見過面呢，您在我們這裡選購的戶外野炊組合用起來不錯吧？」

選擇一

客戶：「是不錯，可是你們的產品降價也太快了，我才買了不到半個月，你們的產品就降了10%的價錢。」

業務員：「先生，您的想法我能夠理解，其實我們的產品也是很少降價的，這次降價是為了促銷那幾套展示過和被試用過的產品，您是家庭使用，所以應該不願意購買那些被客人反覆試用過的產品，是嗎？」

選擇二

客戶：「你們的產品半個月就降了10%，我買得太不划算了，還不如現在再買。」

業務員：「您的心情我理解，如果我看到自己買到的產品這麼快就降價，我也會心裡不平衡。但是產品降價都是有原因的，這套戶外野炊組合也不例外，因為廠商已經停止生產，降價的這幾套都是我們公司的樣品和展示品，都是被客人試用過的，可以說是產品裡的舊貨了，相較之下，您買的那套是真正的新品啊。」

選擇三

客戶：「目前我只用過一次，沒想到你們降這麼快，我真是虧大了。」

業務員：「是的，如果換作是我，我心裡也會不舒服。不過您也不用太過在意，因為我們現在降價的產品都是公司的樣品，都是被人試用過的，展示也比較久，雖然款式不舊但是本身也算是舊貨了，大多是賣給了比較有急需的客戶。而且您已經使用過一次了，那麼那次野炊一定也很開心吧？」

scene 55
客戶發現產品有品質問題，要求賠償

情景說明

客戶以產品品質有問題為由，向業務員要求索賠，這是業務員工作中經常要面對的問題之一，相對來說也是更為棘手的。銷售的目的是獲得利潤，任何一位銷售人員都不希望自己因為賣出產品而牽連到賠償問題，使自己已獲得的利益受到損失，通常白忙不說，甚至還多賠了更多精力、時間、財力。因此對於客戶的這種索賠要求，業務員要儘量在不涉及賠償的情況下解決，這就需要使用更有效的方法。但是如果賠償責任真的不能避免或是補救，作為販售產品的業務員也要勇敢承擔下來。

銷售現場

業務員：「您好，您是幾個禮拜前從我這裡買過一套美白保養組合的王小姐吧？很高興再次見到您，請問這次您想要選購什麼產品？」

客戶：「我不是來選購什麼產品的，快看看你賣給我的保養品吧，品質真的是太差了，看你們要怎麼賠償。」

（或者：選購產品？你們的品質這麼差，我哪敢再選購你們的產品，我用你們的產品才短短一個禮拜，就過敏成這樣，你們要賠償我的損失！
我來和你談賠償問題的，你們的化妝品有通過衛生檢驗嗎？不只是一點效果都沒有，而且還會過敏，你看看我的臉都變成什麼樣子了，你打算怎麼賠償？）

錯誤的應對

❶ 我們的產品有什麼問題嗎？這款美白組合賣得特別好，還有不少客人回來多帶幾套呢！
❷ 皮膚過敏跟您自己的皮膚狀況有關係，上次我就曾經向您提過，美白產品比保濕產品的刺激性更強，但是您執意要買，不一定是產品本身的原因，您應該先解決您的皮膚問題。您的情況不符合賠償條件。
❸ 賠償的事我們沒辦法決定，而且這款組合受到很多客戶的好評，還沒有出現過像您這樣的情況的。

問題分析

客戶提到賠償問題時，銷售人員習慣的反應都是拒絕、推託，這種心理可以理解，但是有時候未免太過主觀，結果也通常難以讓客戶滿意，不值得推崇。而優秀的業務員多會採用一些較有技巧性的解決方法，注意以下應對重點：

1・不直接反駁客戶

一聽到客戶提出賠償要求，一些業務員就會馬上表現出不耐煩，這幾乎是對客戶負面影響最大的一種做法。客戶來時其實已經因為產品問題而心情鬱悶，已經存在著不良情緒，而業務員的這種回應無疑是給客戶再添上了一股無名火，因此很容易就激起爭論，爭論在解決問題裡完全沒有任何積極作用。所以無論客戶的態度多麼差，措辭多麼激烈，都記得不要企圖和他爭論什麼，你所最需要做的就是耐心傾聽，讓客戶說出他的滿腹牢騷。傾聽時要專心，眼睛看著對方，表示你很在意他的問題，看到你的誠懇態度，客戶的怒氣就會減少很多。

2．弄清產品出現品質問題的原因

聽到客戶的賠償要求，馬上表示拒絕的業務員不在少數，然後習慣以「賠償問題我們沒辦法決定」為由推託客戶，但是卻很少去思考客戶提出的品質存在著問題的原因。如果客戶是故意這麼做，或是客戶因使用不當而造成產品損壞，拒絕賠償當然是無可厚非，但是如果問題真的是因為產品本身品質所造成的，再採用否決的態度可就不行了。所以在著手解決事情之前，首先應該先弄清楚產品出現問題的原因，到底問題出在哪裡，然後再根據具體情況來解決。

3．及時採取補救措施

如果產品是由於客戶使用不當所造成的損壞，就需要向客戶說明原委，使他明白並非產品本身存在問題，他自己也需要負一定的責任，然後根據具體情況做出補救措施，例如酌情收取一定的費用為其維修，只要你的態度誠懇，客戶一般都會接受。如果被證明產品是由於本身品質出現問題，就要誠懇地向客戶表示歉意，然後盡最大能力採取補救措施，例如免費為其維修、更換產品、並額外增加服務專案、辦理折扣卡，延長售後服務期間等，使客戶享受到更多優待，盡己所能地消除客戶的消極情緒。

4・適當時做出讓步

如果被證明客戶因為產品品質問題而受到身體、心理、財產等利益的侵害，構成了實質性的傷害，那麼就要勇敢地承擔下責任，然後將事件反應給相關上級，在合理的範圍內給客戶一個交代，賠償客戶的損失，並誠懇地向客戶表示歉意，請求客戶的諒解。這樣雖然損失了部分經濟利益，但是卻以最大限度地挽回你以及公司的信譽，相比之下卻是更加值得的。

你可以這樣做！

業務員：「您好，您是幾個禮拜前從我這裡買過一套美白組合的王小姐吧？很高興再次見到您，請問這次您想要選購什麼產品？」

選擇一

客戶：「我不是來選購什麼產品的，快看看你賣給我的美白保養組吧，品質真的是太差了，看你們怎麼賠償。」

業務員：「真是對不起，不知道我們的產品給您造成了什麼影響，您能把事情的原委向我說一遍嗎？我會盡我所能地為您解決。」

選擇二

客戶：「選購產品？你們的品質這麼差，我哪敢再選購你們的產品，我用你們的產品才短短一個禮拜，就過敏成這樣，你們要賠償我的損失！」

業務員：「真是不好意思，您本來是想保養皮膚的，卻反而讓您不舒服，也許是這套美白保養組不太適合您，都怪我上次沒有仔細地向您介紹，就像我上次說的，其實您的皮膚比較敏感，更適合使用較溫和的產品，不然這樣好了，我們幫您換成溫和保養組合包，這會從根本上降低您皮膚的敏感度，也更適合您。您看這樣好嗎？」

選擇三

客戶：「我來和你談賠償問題的，你們的化妝品有通過衛生檢驗嗎？不只是一點效果都沒有，而且還會過敏，你看看我的臉都變成什麼樣子了，你打算怎麼賠償我？」

業務員：「小姐，非常抱歉，我向您表示真誠的歉意，產品我們幫您退，另外，我們願意為您付所有醫藥費以示負責，希望能獲得您的諒解。」

scene 56 客戶覺得自己受騙，來找業務員吵架

情景說明

在工作中，業務員有時會遇到這種情況：客戶覺得自己受騙了，專程前來要個討個公道。很多業務員都害怕面對這種情況，因為這需要浪費不少時間和精力來解決，如果處理不好，就有可能導致局面僵持或是激烈爭吵，容易對產品及公司的商譽造成非常大的影響。但是想要當好一個專業的業務員，就必須學會處理這種情況。其實客戶前來討說法看似很難解決，但只要掌握技巧性的溝通與其周旋，還是能夠妥善解決的。

銷售現場

業務員：「太太您好，要幫您介紹一下新產品嗎？」

客戶：「我不是來聽你介紹的，上次在你們這裡買的紐西蘭羊絨圍巾下了幾次水之後就起毛球了，到底是怎麼回事？」

（或者：我是來找你的，上次在你這裡買的羊絨圍巾是不是有問題？洗了幾次就起毛球了，怎麼看都覺得不是羊絨的，你們賣的是真貨嗎？

我要跟你說上次從你這裡買的圍巾，本來覺得羊絨質料好、也有品味，所以我毫不猶豫就付了錢，沒想到花了那麼多錢還是起毛球，那還不如買幾百元的棉質圍巾就好。）

錯誤的應對

❶ 羊絨製品本來就有可能起毛球，這是清洗方式的問題，不是圍巾本身。

❷ 當然是真的了，您可不能隨便毀壞我們的商譽啊。

❸ 羊絨本來就有可能起毛球，如果您覺得不划算，就買棉質圍巾吧。

問題分析

業務員簡單且機械式的回答只會讓客戶覺得是在推卸責任，容易引起對方更強烈的不滿，甚至讓對方覺得自己真的受騙了，而引起更大的爭論，而以下列幾種正確解決方式：

1．穩住客戶情緒，避免爭論發生

當客戶覺得受騙而前來要個解釋時，內心一定帶著非常大的不滿與質疑，情緒也會比較激動，可能會說一些比較難聽的話，如果這時與客戶進行溝通，不僅客戶難以聽進你的勸告和解釋，還有可能說一些詆毀產品的用詞，而對產品商譽造成影響。所以如果遇到這樣的客戶，首先需要做的不是深入事件原因解決，而是先要想辦法安撫客戶情緒，讓他先冷靜下來。安撫客戶的方法有很多，可以先讓客戶坐下來，然後向他借一件你比較容易得到的東西，例如一支筆、一張紙等。當他給你之後，你可以藉機向他表示感謝，據心理學研究指出：人們在接受他人的感謝時心情總會莫名地愉悅起來。所以當你這麼做之後，客戶的怒氣通常也就消了一些。

2．給客戶說話的機會，認真傾聽

客戶覺得自己受騙了，一定有很多不滿想要發洩，見到你之後，他最想做的就是告訴你他的感覺有多麼糟糕，你的產品給他帶來了什麼樣的負面影響。所以這時你如果想用解釋堵住他的嘴也幾乎不可能，就算真的制止了他的話，也平復不了他的怒氣，甚至會讓他累積更多的不滿。與其如此，不如讓他痛痛快快地發洩出來，不論是他自以為受騙的原因、還是產品真的給他造成的影響，你都要耐心地傾聽，不要為了證明你的正確而急於反駁，否則只能使談話氣氛越來越糟，在爭論中，你不僅會失去良好的形象，也會連帶影響到公司的聲譽。

3．找時機做解釋，消除客戶疑慮

客戶前來要個說明就是為了得出一個結果，瞭解事實真相，讓他們的心理得到平衡和滿足。所以你必須在弄清楚緣由之後給予他們有效的回答，如果你發現客戶的質疑是受他人影響造成的，而並非你產品本身有問題，也不是你的銷售過程有問題，那麼就要向客戶解釋清楚，利用事實資料向客戶證明他的想法是不正確的，消除他不必要的擔心。如果客戶的質疑是由於自己使用產品不當造成的，那麼你就要向客戶說明產品的正確使用方法，使他認識到問題並不在於你和你的產品。

總之，會讓客戶產生受騙感覺的原因有很多，也許客戶購買產品之後聽到了有關產品的負面資訊，也許客戶使用產品的方式不夠正確，又或者客戶受到了錯誤的引導，使他覺得購買你的產品非常不划算，但是不管怎樣，只要能弄清其中的原因，並採用以上的方法合理處理，大多就能消除客戶的懷疑心理。

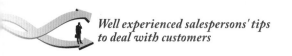

你可以這樣做!

業務員：「太太您好，要幫您介紹一下新產品嗎？」

選擇一

客戶：「我不是來聽你介紹的，上次在你們這裡買的紐西蘭羊絨圍巾下了幾次水之後就起毛球了，到底是怎麼回事？」

業務員：「其實羊絨在清洗過後的確是容易出現這種情況，不過如果使用的方法正確，還是可以儘量避免的，您能和我說明您是如何清洗它的嗎？」

選擇二

客戶：「我是來找你的，上次在你這裡買的羊絨圍巾是不是有問題，洗了幾次就起毛球了，怎麼看都覺得不是羊絨的，你們賣的是真品嗎？」

業務員：「真是不好意思，都怪我上次沒有特別強調洗滌的問題，其實羊絨洗滌之後都可能起毛球，不過如果您能使用專用的洗滌劑來清洗，情況就會減少。不過沒關係，您現在用也不晚，只要平常注意用乾洗或手洗，燙的時候隔布低溫整燙，如果水洗就要用中性冷洗精清洗，就能儘量避免圍巾起毛球。」

選擇三

客戶：「我要跟你說上次從你這裡買的圍巾，本來覺得羊絨質料好、也有品味，所以我毫不猶豫就付了錢，沒想到花了那麼多錢還是起毛球，那還不如買幾百元的棉質圍巾就好。」

業務員：「您先請這邊坐，我想知道到底是怎麼回事才會這樣，不過在這之前，您能先借我一張紙嗎？」

scene 57 由於客戶使用不當，產品出現問題

客戶因使用方法不當使產品出現問題，自己卻完全不知情，還找業務員想討個解釋，這的確令人困擾，但是對此多數業務員都不善處理，容易對客戶表現出不耐煩、不悅的態度，結果造成談話經常陷入僵局，或是直接展開舌戰，本來沒有問題的產品經過這麼一爭論也真的出了「問題」，浪費時間精力不說，雙方鬧得不愉快，產品商譽也受到了影響，可以說是得不償失。想要與客戶建立起長期的合作關係，就要學會處理這種客戶個體情況。

銷售現場

業務員：「到底是怎麼回事呢？您能仔細說明嗎？」

客戶：「買回你們的密封罐後，我像平常一樣放入微波爐微波食物，沒想到就壞了，你們的產品品質是不是太差了？」

（或者：我從你這裡買了一整套的密封容器組，本來是為了方便微波食物用，沒想到用不到一個月就壞了好幾個，能給我一個解釋嗎？

只是將你們的密封罐放進微波爐裡加熱了一次就壞了，我以為是偶然，沒想到接下來幾個又壞了，你們的產品到底怎麼回事？）

錯誤的應對

❶ 那是您的使用方法有問題，我們的產品品質非常好，這不能怪我們。

❷ 這套容器本來就是不能放進微波爐加熱的，您自己沒有看清楚說明書能怪誰呢？

❸ 說明書上寫得很清楚，這種容器不能微波加熱，您自己應該看清楚才對啊，我也沒辦法。

問題分析

業務員強硬的態度和應付性的回答往往會加深客戶心中的質疑，讓他們對產品及業務員更不信任，而且這樣的做法也容易激起客戶的不良情緒，甚至使得談話局面不可收拾。對此，我們該有著正確的應對措施：

1．向客戶道歉

如果你的客戶因為使用不當而造成產品損壞，你也同樣有一定的責任，因為銷售工作並不只是賣出產品，同時還要兼顧向客戶傳達產品相關知識、資訊、注意事項等任務，也許業務員會委屈地認為：為什麼我告訴了客戶使用產品的注意事項，但在使用上還是出現了問題，這不能怪我。這是作為業務員最不應該有的想法，這種推託的心態不僅不能幫助你解決問題，還很容易引發矛盾。在接受道歉和感謝時，人的心情會馬上好起來，所以不論怎樣，你都應該先向客戶道歉，向對方真誠地表示歉意，例如：真是對不起，都怪我當時沒有強調這個問題。這樣一來，客戶就會覺得自己受到了重視，情緒也會緩和很多，你再展開進一步的說服就會容易得多。

2・幫助客戶找到問題所在

在詳細瞭解事件之後，應該讓客戶知道問題的原因在哪裡，也就是說在與客戶交流的過程中，要仔細傾聽，認真分析客戶的話，然後抓住是哪個階段發生了問題，再適時地傳達給客戶知道，提醒他產品出現問題與他的使用方法有關。需要注意的是，在提醒客戶時要注意語氣，避免強硬、敷衍的回答，儘量委婉一點，否則會讓客戶覺得你是在挑他的毛病。

3・耐心地為他解答

在瞭解了事情的原委和細節之後，就要根據具體情況對客戶做出解釋，例如告訴他產品的正確使用方法，向他強調注意事項，在解答時可以向客戶出示產品說明書以及相關的資料，使客戶客觀地認識到產品出現問題是由於自己的使用不當造成的，而不是產品本身的問題。

你可以這樣做!

業務員：「到底是怎麼回事呢？您能仔細說明嗎？」

選擇一

客戶：「買回你們的密封罐後，我像平常一樣微波食物，沒想到就壞了，你們的產品品質是不是太差了？」

業務員：「小姐，這些容器是不能放進微波爐加熱的，只能保鮮用。如果您要放進微波爐裡加熱，應該使用專門的微波容器。都怪我當時沒有提醒您注意，不過這些問題在產品說明書上也都有註明……」

選擇二

客戶：「我從你這裡買了一整套的密封容器組，本來是為了方便微波食物用，沒想到用不到一個月就壞了好幾個，能給我一個解釋嗎？」

業務員：「請問您是不是用這些容器在微波爐裡加熱過食物？」

選擇三

客戶：「我只是將你們的密封罐放進微波爐裡加熱了一次就壞了，我以為是偶然，沒想到接下來幾個又壞了，你們的產品到底怎麼回事？」

業務員：「這些容器是不可以微波的，真是對不起，都怪我當時沒有強調這個問題，您當時也比較匆促，不過產品說明書上寫的很清楚……**（把資料拿給客戶看）**」

scene 58
客戶對你的服務不滿意，找經理投訴

情景說明

在銷售範圍之內，為客戶提供周到的服務也是業務員的義務，而客戶在購買產品時都希望自己能夠獲得最好的服務，因此在工作中就難免會遇到客戶對服務不滿意的情況，如果客戶的不滿非常強烈，甚至還想投訴，對於這種極端反應的表達方式，很多業務員都會不知道該如何處理，結果使客戶的不滿變得更加強烈，問題更進一步擴大。其實只要試著運用正確的處理方法，這種情況就完全可以順利解決。

銷售現場

業務員：「小姐，公司有規定，如果不是我們的VIP會員，這個泡腳器保固期間是三個月，如果超過三個月，為您維修是要另外收費的，請您見諒。」

客戶：「我記得保固期明明是六個月，你怎麼又不承認了，我要找你們經理投訴你。」

（或者：為什麼不能滿足我，很多人都是保固六個月的，你們的服務品質太差了，我要找你們經理！

我看你就是想多收錢，把你們經理找來，我要當面和他說。）

錯誤的應對

❶ 明明就是三個月保固期，我是按照規定為您服務的，您怎麼可以這樣不講道理？
❷ 我們的保固期就是三個月，您找經理也沒用啊。
❸ 您說話要講道理啊，我們的服務條款寫的很清楚，是您自己沒有看仔細。

問題分析

客戶對服務不滿意的情況有很多，業務員都肯定遇到過，那麼如何讓客戶滿意呢？以下是很好的應對方案：

1．承認自己的過失

如果你因為某些原因沒有為客戶提供完整的服務，那麼你就要誠懇地承認自己的過失，例如你忘記了曾經做過的承諾、疏忽了客戶最需要滿足的要求等。兌現承諾是銷售人員的基本責任，即便你的理由再正當，承認自己的錯誤也是必須的，而這不僅有助於保持你在客戶心中的形象，也舒緩了客戶情緒，能為接下來的溝通做好準備。

2．耐心傾聽客戶抱怨

當客戶對你的服務表示不滿時，他們通常會很氣憤，用辭激烈，甚至表達得語無倫次，所以要給予他們足夠的說話空間與時間，來發洩心中的不滿。有時客戶因為不滿心情太過強烈，可能會把情況說得太誇張，即使這樣也不能夠為了證明誰是誰非而與他爭辯，否則很容易引起客戶更大的不滿。這時應該保持冷靜地下去，才能夠獲得更多對之後的說服有幫助的資訊。

3・保持態度謙恭

不管是因為你的疏忽而讓服務不完整，還是客戶的要求真的太高，只要客戶提出對服務不滿意，都應該先向客戶表示歉意，這樣會在第一時間減少客戶的不滿情緒，使你有機會跟客戶好好談談，另外根據調查發現，一個投訴者至少會向五個人講述關於他的投訴事件，以及如何得到了稱心如意的解決。如果你能順利解決客戶的不滿，那麼客戶等於就能夠替你做免費的宣傳和推廣。

4・不要推託責任

對於那些要求過高的客戶，有些業務員會覺得很委屈，覺得客戶的要求過於苛刻，因此也會想推託和應付了事。其實越是這樣，就越容易讓客戶不滿，無論問題是在於自己還是客戶，業務員都不應該有推託的想法，也不要隨便把客戶指派或交接給別人處理。如果的確是自己造成的原因，就要承認並做出承諾，及時兌現。如果是由於客戶的要求過高，就要尋求適當的機會向他解釋清楚，並出示相關事實加以輔助說明，來改變客戶的想法。

總之無論客戶對你不滿的原因是什麼，你始終都要保持一個業務員應有的良好素質與專業。只要掌握以上的應對方式，並表達以適當的用詞，大多能化解客戶的不滿。

業務員：「小姐，公司有規定，如果不是我們的VIP會員，這個泡腳器保固期間是三個月，如果超過三個月，為您維修是要另外收費的，請您見諒。」

選擇一

客戶：「我記得保固期明明是六個月，你怎麼又不承認了，我要找你們經理投訴你。」

業務員：「真是對不起，可能我當時真的說錯了，不過我們的免費服務期限目前還是三個月，這在我們的合約上也寫的很清楚……」

選擇二

客戶：「為什麼不能滿足我，很多人都是保固六個月的，你們的服務品質太差了，我要找你們經理！」

業務員：「真是對不起，我們目前的服務規定來說，一般客戶的保固期還是三個月，不過非常感謝您的建議，我會將您的想法向公司反應，如果延長或是改了新的服務規定，我會馬上通知您，這樣好嗎？」

選擇三

客戶：「我看你就是想多收錢，把你們經理找來，我要當面和他說。」

業務員：「我非常理解您的心情，不過我們公司的服務規定還是三個月，我們的員工手冊上清楚地寫了服務範圍和規定，您看一下就知道了。」

scene 59
客戶藉口說產品不好，遲遲不付尾款

情景說明

客戶以產品品質不好為藉口，遲遲不付尾款，這是一種非常難纏的情況，因為已經達成了交易，甚至產品已經全部被客戶取走，所以能選擇的解決途徑相對也會比較少，但是這又是一種不可規避的情況，所以必須要面對這個問題，並想辦法迎擊、解決它，這就需要更高超的應對技巧。

銷售現場

業務員：「先生，我們的合約也簽了幾天了，這批醫療器材也已經全部送到了，您還有一部分貨款沒有結清，請問您什麼時候付款呢？能否給我一個比較確切的日期？」

客戶：「付款的事先擱著，因為我昨天看了你們送過來的那批貨，說實話，跟你們的樣品差太多了。」

（或者：這批產品並不像我想像中的那麼好，我認為不值得那麼多錢。

你們的這批貨的品質好像不太好，付款的事再說吧。）

錯誤的應對

❶ 不可能，我們的生產標準和材料都是一致的，絕對不會出現您說的那種情況。

❷ 怎會會呢？我們的產品品質非常好，您不會是在找藉口不想付款吧。

❸ 我們的產品沒有品質問題，剩下的貨款您一定要在這周之內結算清楚。

問題分析

業務員把問題的關鍵點放在討論產品的品質上，幾乎不會對解決問題有任何幫助，因為問題本來就不在產品身上。而如果過於強硬地要求客戶付款，反而容易使談話氣氛緊張，那麼如何才能從根本上解決客戶拖延付款的問題呢？這需要我們實行以下的應對技巧：

1．不要與客戶發生爭執

客戶以產品不好為由遲遲不付剩餘款項，雖然困擾，但無論客戶說的藉口有多麼明顯，都不要直接反駁他，或者是揭露他，否則即便除了客戶之外的所有人都支持你，也無法真正解決當前的問題，因為貨款是在客戶手裡。

2．找到真正原因

客戶的目的在於拖延付款時間，在這背後自然隱藏著客戶不願付款的真正原因，當然一定不是你的產品不好。要從根本上解決問題，就要想辦法找到客戶不願付款的真正原因，首先要把問題的重點從產品上轉移出來，你可以說一些與付款和產品無關的話題，分散客戶的注意力，然後透過開放式的提問，在溝通中不斷找尋有可能成為客戶遲遲不付款的真正理由，再透過具體的提問來逐漸縮小範圍，必須找到客戶不付款的真正原因才能繼續溝通。

3・用合約要求客戶履行他的義務

合約上一般都規定了雙方需要履行的義務範圍，合約也是約束雙方行為的最有效武器。如果客戶始終以產品不好為由遲遲不付尾款，你可以向他出示簽訂的合約，向他說明付款日期的最後期限，並再次重申不按期付款是他要承擔的責任，這樣客戶就會迫於壓力而改變決定。但是需要注意的是，最好不要把這些內容當作警告一樣，一板一眼地說給客戶聽，或是表現出不耐煩，否則會讓客戶覺得你不是在做生意而是在下馬威。

4・用事實來說話消除客戶的藉口

客戶既然以產品不好為藉口遲遲不交尾款，你也可以從這個藉口本身入手，透過一些方法證明你的產品並不能成為他延期付款的理由。例如向他出示你的產品品質認定、獲獎情況、客戶資訊回饋、客戶滿意度、市場需求量等等，以事實證明你的產品並不像客戶說的那樣，擊倒客戶的這個藉口之後，當他的藉口被攻破了，他就無法再把不付款的理由轉嫁到別的原因上，所以對方再不付款也就沒有道理了。

你可以這樣做！

業務員：「先生，我們的合約也簽了好幾天了，這批醫療器材也已經全部送到了，您還有一部分貨款沒有結清，請問您什麼時候付款呢？能否給我一個比較確切的日期？」

選擇一

客戶：「付款的事先擱著，因為我昨天看了你們送過來的那批貨，說實話，跟你們的樣品差太多了。」

業務員：「您來看樣品的時候是在兩個禮拜前吧？那時候您非常忙，還記得那天您看完樣品之後我們請您吃飯，您都推辭了，後來聽您說是在追貨款……」

選擇二

客戶：「這批產品並不像我想像中的那麼好，我認為不值得那麼多錢。」

業務員：「其實我們的產品都是按照嚴格標準生產的，也通過了ISO醫療器材品質管理系統認證，有很多客戶都非常喜歡我們的產品，現在市場需求量也很大……」

選擇三

客戶：「你們的這批貨的品質好像不太好，付款的事再說吧。」

業務員：「看來您最近一定很忙吧，我們的合約上明確有寫付款的最後期限，相關的責任也註明的很清楚，為了我們的共同利益……」

scene 60

明明是客戶自己誤解，卻說是你的誤導

情景說明

客戶因為誤解了產品而導致產品損壞，反而抱怨是由於業務員誤導造成的，這的確很不公平，明明原因在客戶，卻是怪到我們頭上來了，不少業務員對此都會覺得委屈，甚至不知道該如何處理和應對，所以通常採取躲避或敷衍來減少與客戶的衝突。但是作為業務員避免不了會遇到這樣的情況，如果不能做到面對問題並解決它，那麼潛在的衝突仍然存在，容易為銷售工作累積更多的消極因素。因此業務員必須想辦法面對，為自己與客戶之間築出一座友誼橋樑。

銷售現場

業務員：「其實這款皮箱的皮面是經過特殊處理的，不能使用一般保養品，否則就會造成皮面顏色不一，您購買的時候我向您強調過這個情況的啊。」

客戶：「是嗎？可是你當初告訴我和普通皮箱沒有區別的啊，明明是你誤導了我。」

（或者：你當時一直對我說保養方法和普通皮箱沒有區別，怎麼這麼快就改說法了，你是想推卸責任吧？
是你告訴我這樣做的啊，我都是照你的說法去保養的。）

錯誤的應對

❶ 怎麼是我誤導您呢？我從來沒有告訴過您可以使用一般保養品啊。
❷ 您不能這樣亂說，是您自己造成的，不能把責任賴在別人身上啊。
❸ 我沒有這樣和您說過，不是我的錯，您找我們經理說吧。

問題分析

為了證明自己的清白而急於撇清責任，這是不少新手業務員都會犯的錯誤，雖然從道理上看來這並沒有錯，但是作為一名業務員，一言一行都牽動著自己與客戶、客戶與產品之間的關係和未來發展，這樣做的話就不太妥當了。我們說有經驗的業務員總能在和諧、輕鬆的氣氛中解決這樣的難題，以下是有效的應對方法：

1．不要企圖證明你的正確

為了證明導致產品損壞的責任不在自己，有些業務員會在一開始就直接反駁客戶，忙著為自己開脫，但是結果往往讓客戶更加確定自己是被誤導了，而產生更多不良情緒，對話的氣氛也會因此變得更緊張。有句話說：解釋等於掩飾。如果你企圖透過辯解來讓客戶認識事實，這是很困難的，因為這時客戶的想法都很堅決，你的任何辯解都會被他認為是主觀上的狡辯，即便你說的都是事實。所以無論客戶如何誤解你，都不要急於爭辯是非，這樣既能避免談話局面僵化或是引起更大爭論，也能展示你的個人素質，使客戶覺得你是一個有氣度、能負責的人。

2・用事實幫你說話

辯解不能幫助你讓客戶瞭解到問題所在，但是事實可以。有句話說：事實勝於雄辯。如果你能拿出足夠的證據擺在客戶面前，即便你不說話，也能發揮說服客戶的效果。你可以向客戶展示產品說明書、客戶對產品的歡迎程度以及使用之後的回饋，如果客戶認為是你的個人經驗不足，你可以向他出示相關的職業資歷證明，以及客戶對你的歡迎程度的資料。透過這些客觀事實，你不僅可以將自己的意思表達清楚，也避免了主觀辯解的嫌疑，而使客戶更加折服。

3・多為客戶考慮

客戶購買的產品出現損壞，無論原因為何，都是他們不希望發生的事，當他來找你時的心情一定不是太好，如果是還花了大把錢，甚至會帶有強烈情緒，所以你要照顧到客戶的情緒，在表述自己觀點的時候要儘量委婉一些，在談話開始的階段時做一定的鋪陳，例如詢問客戶使用產品的具體過程、購買和使用產品的心得、誤解產品之後給他們造成的影響，多問多聽他們的感受，並對客戶表示理解，等到他們把壞情緒發洩完了，你再說出你的意見，透過事實逐步讓客戶清楚出現問題的原因。

4・酌情給予客戶幫助

如果客戶因為誤解而導致產品損壞特別嚴重，你也可以在准許的條件下給予適當的幫助，盡力地給予客戶一些照顧，但是一定要拿捏好分寸，因為事情的起因原本就不在於你。例如你可以告知客戶你的聯絡方式，讓他有問題隨時聯絡，讓客戶覺得自己受到關懷，也有助於你掌握潛在客戶。

總之，客戶把自己對產品的誤解歸咎於業務員誤導的情況並不少見，對此業務員不需要有消極心理，甚至躲避、推託，而是要積極地面對，使用以上的方法來溝通，逐步導正客戶的態度。

你可以這樣做！

業務員：「其實這款皮箱的皮面是經過特殊處理的，不能使用一般保養品，否則就會造成皮面顏色不一，您購買的時候我向您強調過這個情況的啊。」

選擇一

客戶：「是嗎？可是你當初告訴我和普通皮箱沒有區別的啊，明明是你誤導了我。」

業務員：「如果是我遇到這樣的情況也會著急，您先請過來坐，您所購買的這款皮箱現在賣的非常好，客戶反應都很不錯，這是產品的說明書，上面註明了保養方法，其實我幫您做介紹時都是對上面的方法再做解釋說明，如果我告訴了您錯誤的保養方法，不是砸自己的牌子嗎？」

選擇二

客戶：「你當時一直對我說保養方法和普通皮箱沒有區別，怎麼這麼快就改說法了，你是想推卸責任吧。」

業務員：「我理解您的心情，不過這款皮箱賣得非常好，客戶都很喜歡，您看這是客戶回饋表，這些都是我的客戶，我做業務員也有幾年了，這些基本的保養知識我還是比較瞭解的。如果我們對客戶不負責就等於是對自己不負責，這樣，我今天先教您分辨這種特殊皮面和普通皮面的方法，我想這會對您很有幫助，您覺得呢？」

選擇三

客戶：「是你告訴我這樣做的啊，我都是照你的說法去保養的。」

業務員：「真是不好意思，讓您這麼熱的天跑這麼一趟，您先請過來坐，能和我詳細說說您是怎麼保養的嗎？」

再次購買產品，卻要更低的價格

情景說明

曾經向你消費過的客戶再次前來購買上次買過的產品，的確是一件值得高興的事，這首先證明了產品受到客戶的喜愛，而且業務員也不用浪費過多的時間和精力，可以說是「送上門的生意」。但是這些再次出現的客戶也不是那麼簡單就可以打發，通常都會希望可以用更低的價格買到和上次一樣的產品，這的確很讓人頭痛，眼看著又是一筆生意，拒絕了擔心丟掉客戶，答應了又會損失自己的利益，常會覺得進退兩難。其實只要掌握住好方法，還是可以在拒絕降價的前提下再次成交的。

銷售現場

業務員：「小姐，前幾天您從我這裡買過嬰兒推車，我記得您。今天很高興能再次看到您，不知道您今天想購買哪種嬰兒用品呢？」

客戶：「是啊，我今天是替我的一個朋友來買的，還是買上次的嬰兒推車，不過這次你要給我最優惠的價格啊，一定要比上次的便宜，我已經是你們的老客戶了。」

（或者：我還是買上次的那款嬰兒推車，不過這次一定要便宜點，
至少價格要比上次低。
這次我再買一款上次的嬰兒推車，不過我來你這裡已經不
是一兩次了，一定要打折啊。）

錯誤的應對

❶ 我也希望給您更便宜的價格，但是價格是公司規定的，如果買的話只能和上次的價錢一樣，這個我也沒辦法。

❷ 這件產品是今年的新品，新客戶老客戶都是這個價錢。

❸ 這我也知道，不過價格部分我們沒有權利變更，真的不能再便宜了，如果可以，我一定賣給您。

問題分析

業務員的直接拒絕會給客戶吃「閉門羹」的感覺，而使他們產生反感，容易導致溝通氣氛的緊張。無奈的應付也像在對客戶說「降價不可能，要買只能是這個價錢，不買拉倒」，同樣也會讓客戶心裡覺得不舒服。那麼如何才能讓客戶接受不可能降價的事實，而又願意出錢再次購買呢？這就需要運用到以下的技巧：

1．與客戶交流產品的使用情況

客戶再次前來購買相同的產品，一定是因為客戶滿意產品，值得他們再來一次，對產品的評價相對也會比較高，所以你應該先向客戶詢問產品的使用情況和他們的感受。多數情況他們都會對產品做出讚賞，如果客戶對你說你的產品有哪些缺陷，對他造成了哪些不好的影響等，也大可不必擔心，因為他們只是以此為藉口要求你降價，如果產品真的像

他們說得那樣不好，他們也不大可能再次前來購買。在與客戶交流產品使用情況時，就可以收集客戶對產品好的評價，並將這些記錄在一張紙上，這張紙就可以為你接下來的工作提供很大的幫助。

2．為客戶列舉產品優勢，計算CP值

在與客戶寒暄之後，可以拿出你記錄的紙張，也就是客戶對產品的評價，然後拿給客戶看，逐條列舉產品優勢，再次強化他對於產品優點的印象。同時可以根據他的使用情況為他計算CP值，並找來同類其他產品作比較，將產品的優點凸顯給客戶知道，讓客戶瞭解到使用你的產品更划算。其實這也是個再次介紹產品的過程，所以你的語調要儘量表現的強烈、興奮，來推動客戶的購買欲望。

3．防守價格毫不退縮

為了保證銷售利益不受損失，你必須堅守產品價格不變，死守防線，隨時找機會向客戶表明自己的立場，讓客戶知道你的態度很堅決，不會降價。但是在表達上要注意方法，不能直接拒絕客戶，而是要透過一些婉轉的方法，例如你可以告訴客戶他要購買的產品以前價格更高，或是產品的數量有限，使客戶瞭解到降價的機會的確很小，甚至還有可能會買不到。這樣一來客戶就不會緊咬著價格問題不放，也許會馬上痛快地決定購買也說不定。

4．適當地做出讓步

如果客戶執意要求降價，一直不願意放棄這種想法，你也不要一口咬定不講價，不可能。為了再次達成交易，可以適當地做一些小的讓步，但是仍然要堅持價格不變但是卻可以額外贈送客戶一些小贈品、向客戶另外承諾一些服務專案，讓客戶覺得自己受到特殊的照顧。對此一

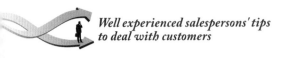

般客戶都會比較容易接受，再提及成交也就容易多了。

總之，客戶再次購買產品是件好事，成交的機會更大，但是業務員仍然不能掉以輕心，特別是對於這些希望以更低價格購買原產品的客戶，業務員就更應該重視。只要能適當運用以上的這些方法，這些客戶購買的可能性還是相對非常高的。

你可以這樣做！

業務員：「小姐，前幾天您從我這裡買過嬰兒推車，我記得您。今天很高興能再次看到您，不知道您今天想購買哪種嬰兒用品呢？」

選擇一

客戶：「是啊，我今天是替我的一個朋友來買的，還是買上次的嬰兒推車，不過這次你要給我最優惠的價格啊，一定要比上次的便宜，我已經是你們的老客戶了。」

業務員：「是嗎？那太好了，希望您有更多的朋友選購我們的嬰兒產品。您來的正是時候，這款U型嬰兒推車目前庫存已經不多了，您再晚來一點可能就買不到了呢！」

選擇二

客戶：「我還是買上次的U型嬰兒推車，不過這次一定要便宜點，至少價格要比上次低。」

業務員：「這次您是幫別人代買嗎？不管怎樣，您能再次來到我們這裡選購產品，我們都非常高興。請問您使用過我們的產品之後感覺如何？推車的材質和舒適度還滿意吧……」

選擇三

客戶：「這次我再買一款上次的U型嬰兒推車，不過我來你這裡已經不是一兩次了，一定要打折啊。」

業務員：「很感謝您一直以來對我們產品的支持，不過真的很抱歉，價格是不能再便宜了。但是我可以贈送您一個寶寶圍兜，在寶寶吃飯的時候用得到，不會灑得身上都是……」

scene 62 發生意外事故，客戶要求退貨

因為意外事故的影響，導致產品無法繼續使用，客戶因此前來退貨的情況也不少見。碰到這種情況，業務員難免會煩惱：本來產品已經賣出去了，而且也沒有品質問題，自己與客戶之間的關係也很好，但是到頭來不只白忙一場，還要花時間處理接下來的退貨問題，如果處理不好，還可能破壞與客戶建立起來的良好關係，真是太不划算了。但是這種情況又是不可避免的，業務員隨時都有可能會遇到，所以必須處理好。想要完善解決這種棘手的情況，有一手的銷售技巧也是不可少的。

銷售現場

業務員：「先生，我們上個月見過面對嗎？我記得您在我這裡買了一整組改善骨質疏鬆症的保健食品，您母親吃得還滿意吧？」

客戶：「產品我們一直還沒有用，因為發生了一些情況，我母親暫時不能服用這個了，我想能不能幫我全部退貨，反正我們也沒有開封過，就不好意思麻煩你這次了。」

（或者：那些保健食品我母親是吃了一部分，不過很少，因為發生了一些意外事故，這些食品可能不能再繼續服用了，我想剩下的部分能不能幫我們退貨？
我的母親因為身體關係剛動了手術，所以暫時不能服用這種保健食品，但是剩下的太多，萬一放久了就會過期，我想您能不能幫我退一部分呢。）

錯誤的應對

❶ 如果產品沒有品質問題，我們賣出去是不能再做退貨的，這是公司規定的，如果可以我也想幫您退貨的，但是我沒有這個權力。

❷ 是這樣啊，不過這種產品的保存期限還是很長的，如果吃不完，您也可以把它送給其他人服用啊。

❸ 哦，那好吧，我們幫您退了吧。

問題分析

不分青紅皂白地一律拒絕客戶的退貨要求，往往會使溝通局面迅速緊張起來，不僅不利於問題的解決，反而會增加溝通的障礙。但是如果業務員不明究理地就答應退貨請求，到頭來損失了基本的利益也不值得。那麼如何才能既保證利益又能令客戶滿意呢？這就可以參考以下的技巧：

1．瞭解意外事件，給予客戶適當的關懷

對於意外事件有些客戶可能並不願意提及，但是如果客戶願意說出來，你也可以在尊重他的基礎上向他詢問一些有關於此的資訊，但是說話方式要含蓄一點，不要追根究底，否則很容易招致客戶的反感。在瞭

解了事件的大概經過之後，你可以向客戶表示關懷。親切的問候可以幫助你緩和緊張的局面，同時也能表現出你的個人素質。

2・耐心地向客戶解釋

如果透過瞭解，發現客戶的情況並不符合退貨標準，例如產品有損壞、過了退貨期限、發票遺失等，這時你就要向客戶說明情況，告訴他雖然很理解他的心情，但是條件不符合退貨標準。如果條件准許，你可以適當地給客戶一些小安慰，例如送給客戶一些小禮品，酌情延長售後服務期限等。

3・履行自己的責任

如果客戶的情況符合退貨的條件，你就要再次檢查產品的相關狀況，確保沒有其他問題。在這個過程中要表現得輕鬆平常，不要像檢驗貨品那樣嚴肅，否則會讓客戶覺得不舒服。然後你要大方地向客戶表示，產品可以退貨，勇敢地承擔自己的責任和義務。而如果換貨可以滿足客戶的條件，那麼你就說服客戶換貨，儘量避免退貨。

你可以這樣做!

業務員：「先生，我們上個月見過面對嗎？我記得您在我這裡買了一整組改善骨質疏鬆症的保健食品，您母親吃得還滿意吧？」

選擇一

客戶：「產品我們一直還沒有用，因為發生了一些情況，我母親暫時不能服用這個了，我想能不能幫我全部退貨，反正我們也沒有開封過，就不好意思麻煩你這次了。」

業務員：「是這樣子啊，剛才看了您拿回來的產品有十盒還沒有拆開包裝，符合我們的退貨要求，這些就幫您退了，希望您能再次選購我們的產品。」

選擇二

客戶：「那些保健食品我母親是吃了一部分，不過很少，因為發生了一些意外事故，這些食品可能不能再繼續服用了，我想剩下的部分能不能幫我們退貨？」

業務員：「真是不好意思，剛才看過之後發現您的情況已經不符合退貨條件了，不過沒關係，我們這裡還有很多適合老年人服用的保健食品，我們可以為您做換貨。」

選擇三

客戶：「我的母親因為身體關係剛動了手術，所以暫時不能服用這種保健食品，但是剩下的太多，萬一放久了就會過期，我想您能不能幫我退一部分呢？」

業務員：「哦，老人家身體還好吧？不過您的情況目前已經不符合退貨條件了，但是沒關係，換貨還是可以的，我們這裡有幾種供老年人用的保健食品，您覺得哪種更適合您康復中的母親呢？」

scene 63

不要把話說死，凡事要留三分退路

聰明的業務員不會把事情做絕，也不會把話說死，從來不把事情做到毫無退路，於情不偏激，於理不過頭。因為在給別人留餘地的同時，也是為將來的自己留退路，讓自己行不至絕處，言不至極端，有進有退，這樣日後才能更靈活地處理事務，解決複雜多變的問題。

銷售現場

有家醫院長期以來一直固定採購某藥廠的產品，這次，藥廠研發了新藥，推廣的業務員來到醫院。

業務員：「王醫生，這種新研發出來的藥丸是你們醫院所有氣喘病人治癒的良藥。」

醫生：「你倒是真有把握，我們醫院有一些病人已經使用過了，但是根本就沒效果！」

業務員：「不可能吧！這可是研發幾年才敢上市的新藥，一定有效的！」

醫生：「我想你對於一些疾病沒有基本的常識和概念。」

業務員：「但是醫生，我們也不可能隨隨便便就賣給你們開給病患啊，這一定能治癒的吧。」

醫生：「你不知道嗎？氣喘是無法根治的，有太多的因素會使它發作，心理受到影響也可以是發作的因素之一。」

（或者：也許你的藥能夠有效解除症狀，但是就是不太可能完全治癒。）

為什麼以你不是醫學專業的背景，能夠如此肯定呢？）

錯誤的應對

❶ 但是我們的藥是新研發的，我認為可以有效治癒的可能性很大。

❷ 不只是有效解除，我們的藥鐵定比市面上的厲害多了。

❸ 為什麼您不相信這種藥的治癒可能呢？

問題分析

案例中業務員推薦的藥品明明是有效果的，但是卻完全遭到了客戶的拒絕。為什麼？原因就在於業務員刻意誇大了藥品的效果，斬釘截鐵的答案不適宜用在醫學上，因為每個個體的身體狀況都不同，以至於讓客戶產生了不信任感。所以，業務員在與客戶交談的時候，大話和空話、不確定的話一定都不能說。

1.‧不要一次就把你的客戶「餵飽」

很多業務員為了讓客戶儘快下定決心成交，往往把產品的賣點和優勢毫無保留地告訴客戶。但是這種方法在實際銷售中的效果並不明顯。想要讓客戶對你的產品一直感興趣，就不要一次把他「餵飽」。

（1）介紹產品時要留一手

當我們向客戶介紹產品時應該多留一手，為後面的交易留下餘地。假如你將所有的產品功能、優惠條件等一股腦兒地全都告訴客戶，就會激發起客戶更大的期待心理。當最後客戶期望得到更多的優惠條件時，你卻反而沒有了對策，此時，客戶肯定會很失望，交易也難以成功。

業務員在實際的銷售工作當中，一定要注意給客戶「甜頭」的時機。在與客戶交談時也要循序漸進，逐步深入，對客戶最有誘惑力的條件我們一定要放到最後再向客戶介紹，它是我們獲得銷售成功的殺手鐧，但是有很多業務員都不明白客戶的心理，在向客戶介紹產品的時候口若懸河、滔滔不絕，這樣不僅不利於客戶從眾多的資訊中注意到自己所需要的，當然也就不利於最後的成交。

當我們把所有事宜都告訴了客戶，也就相當於我們把主導權拱手讓給了客戶。因為他對我們的產品已經瞭解得一清二楚，也就有了更多的選擇機會，所以我們應該講求一些策略，多留一手絕招，除非萬不得已，絕不輕易亮出王牌。既要告訴客戶銷售重點，也要留下充足的成交餘地，當在成交的最後關頭，這些王牌就能助我們一臂之力。例如：我們的產品還有三年的保固期呢，比其他產品硬是多了兩年可以免費保固；我們還有限量版的贈品做贈送呢，只送不賣，送完為止。

（2）禮貌對待沒有成交的客戶

我們的業務員大部分都有很好的修養，如果發現客戶沒有購買興趣，也能禮貌地對待客戶。但是也不乏有這樣的業務員，他們一旦發覺客戶沒有成交意願，便馬上變了臉色，甚至對客戶不客氣起來。如果你真的習慣這樣做，那麼肯定會傷害客戶的感情，即使他們日後有需要，也絕對不會來找你。

所以，對待沒有購買意願的客戶，我們也都要做到彬彬有禮。雖然他今天不需要，但有可能明天就需要了。對待每一個客戶，我們都要把他當作長期客戶來培養，這樣的話，業務員才能成功地促成交易，簽下成交訂單。

2．產品介紹要實事求是

業務員在向客戶介紹產品的時候，總是會情不自禁犯一個毛病，那就是：吹噓自己的產品。當然，我們介紹產品的時候是要向客戶說明產品優勢的，但是過度吹噓自己的產品就不可取了，萬一你遇到的客戶是個行家，那麼他不會信任你，即使你的客戶不是個行家，但是當他知道真相之後，也會對你產生厭惡，甚至會投訴你。

「老王賣瓜，自賣自誇」這是業務員的工作，但是我們要實事求是，不能僅僅只對產品做浮誇的介紹。

那麼，我們應該怎樣向客戶介紹我們的產品呢？

（1）用最簡單的用詞概括出產品特色

業務員會誇大產品的原因之一就是不小心說得太多。如果業務員能用最簡單的用詞概括出產品的特色，不僅能突出產品的特別之處，還很容易讓客戶接受。例如：這種衣服的布料是純棉的，穿起來非常舒適；這種機器的耗電量小，能節約您的生產成本；用這款炒菜鍋炒菜沒有油煙，也不會黏鍋。當然，這種言簡意賅的介紹都必須是真實的。

（2）介紹產品時不要畫蛇添足

我們的產品不可能十全十美，對於產品的缺點，雖然我們不能欺騙客戶，但是要儘量迴避。我們要把握的基本原則就是，當客戶在還沒有提及產品缺點的時候自己先不要畫蛇添足，如果不這樣的話你就會流失大部分的客戶。

（3）介紹時強調客戶的受益處

有時候產品本身可能不會打動客戶，但是產品給客戶帶來的好處卻會打動客戶。所以業務員如果能找出產品給客戶帶來的益處，也能提高自己的業績。

通常情況下，客戶希望得到的益處不外乎以下幾點：

+ 能夠提供安全和健康的需要。
+ 改善客戶的個人形象。
+ 幫助客戶節省時間、精力和金錢。
+ 改善和保持客戶的財物價值。

所以，當業務員在介紹產品時，千萬不要忘了告訴客戶，購買你的產品之後可以得到什麼好處。這樣做，才能真正打動客戶。

3・說該說的，把不該說的吞回肚子裡

美國總統富蘭克林曾經說過這樣一段話：「有一位朋友告訴我，我有些驕傲，說這種驕傲經常在談話中表現出來，使人覺得我盛氣凌人。於是，我立刻注意到這位友人給我的是很難得的忠告，我立刻意識到這樣下去會影響到我的發展前途。隨後，我立刻保持虛心，特別注意，當我說話時，儘量避免一切直接接觸或者傷害別人感情的語言，甚至我自己禁止使用一切過於確定的詞語，例如「當然」、「一定」等等，而改用「也許」、「我想」來代替。說話和事業的關係，就是成功和失敗的關係。如果你出言不慎，跟別人爭辯，那麼，你將不可能獲得別人的同情、合作、幫助、支持和讚賞！」

富蘭克林這段話很好地說明了說話要留有餘地，不能天馬行空，想說什麼就說什麼。身為業務員的我們，也要知道什麼可以說，什麼不能說。不能說的話，我們要把它吞回肚子裡。

（1）言必信，不開「空頭支票」

業務員如果能夠履行自己的承諾，不給客戶開「空頭支票，那麼就能在很大程度上留住客戶，使他成為你的長期客戶。

對於客戶提出的要求，如果你不能確保百分之百可以兌現的話，那就不要答應他。假如你向客戶做出了「絕對沒有問題」的保證，如果順利不出問題也罷，若是一旦出現問題了，就會嚴重影響到個人和產品的形象。在任何情況下，絕對的話語都不能夠成為你的銷售策略。

（2）不違背常理

我們在看電視的時候經常能看到這樣的電視購物廣告：兩個人在鏡頭面前誇誇其談、唾液橫飛，把自己的產品說成了小叮噹的四次元口袋，你想達到什麼樣的效果就會達到什麼樣的效果。尤其是化妝品的廣告，例如：去疤液，不管你的疤痕顏色多深或是時間多久，只要你抹上它，疤痕立刻就能消失了；美白乳液，使用之後，你的皮膚就能馬上擁有珍珠般的潔白與光澤。這種不合常理的說辭，聽上去讓人心花怒放，但若是理智的客戶都不會相信這種花招。這種不合常理、誇張的銷售方法，只會帶來惡劣的負面影響，而這種欺騙行為也為真正的業務員所不齒。

（3）即使胸有成竹，也要留有餘地

即使我們對客戶的問題有十足的把握，也應該不要說得過於絕對。因為越是信誓旦旦的承諾，越容易引起客戶的懷疑。告訴客戶產品一些瑕不掩瑜的小毛病，反而會讓客戶安心。把話說得委婉一點，留下一些後退空間，在處理可能出現的問題時就會遊刃有餘。

當我們面對客戶對產品的質疑時，也要勇於說出「產品就是這樣的」，然後再進行解釋。我們絕不能誇大產品的功能，因為我們不知道我們面對的客戶是不是行家，即使他不是行家，也可以透過各種途徑瞭解，尤其現在是網路非常發達的時代，一旦被客戶發現，你的信用就會完全下跌。

你可以這樣做！

業務員：「但是醫生，我們也不可能隨隨便便就賣給你們開給病患啊，這一定能治癒的吧。」

選擇一

醫生：「你不知道嗎？氣喘是無法根治的，有太多的因素會使它發作，心理受到影響也可以是發作的因素之一。」

業務員：「真是抱歉，我不該說的如此果決。但是我想我們的藥品會比前一代的更有效，因為這是經過改良的藥品，您可以參考看看。」

選擇二

醫生：「也許你的藥能夠有效解除症狀，但是就是不太可能完全治癒。」

業務員：「您說的是，畢竟您是醫師，那同樣的，這次的新藥品也是我們的專業醫療團隊經過幾年研發而成的，如果您願意試用藥來看看它的實際成效如何，那就更好了。」

選擇三

醫生：「為什麼以你不是醫學專業的背景，能夠如此肯定呢？」

業務員：「抱歉，對於醫藥問題不該用如此肯定的說法，謝謝您提醒我。但這次的藥品對百分之八十的氣喘患者都能有效減輕症狀是正確的，希望您能試試增加處方量。」

scene 64

對於客戶的抱怨，永遠選擇耐心傾聽

情景說明

在銷售過程中，客戶的抱怨和投訴時常會發生，如果你忽略了客戶的聲音，只按著自己的步驟走，那麼你就有可能會陷入僵局，甚至導致雙方失和，從而讓你的交易失敗因此對於客戶的抱怨，我們都要耐心傾聽。

銷售現場

一位男性來到牛奶公司部門打算進行投訴，因為他在他訂購的牛奶中發現了一小塊玻璃碎片。

業務員：「先生您好，看您這樣氣沖沖的，到底發生什麼事了？請您告訴我。」

客戶：「你放心，我來這裡正是為了告訴你這件事的！」

（邊說邊從手提袋中拿出一瓶牛奶，重重地往辦公桌上一放）

客戶：「你自己看看，這是你們做的好事！牛奶裡面居然有玻璃碎片，如果出了人命，你們負得起責任嗎？」

業務員：「怎麼會這樣？如果喝下這東西是會要人命的。」

客戶：「你們哪裡是牛奶公司，簡直是要命公司！把我們消費者的生命安全放在哪裡？」
（或者：你們一點社會責任感都沒有，就只是黑心的商人而已。真的出了人命誰要負責？你嗎？）

錯誤的應對

1. 先生您冷靜點，有話好好說。
2. 好的先生，請等我通報上去之後再通知您。
3. 這您應該要找我們的上司負責啊，我只是個業務。

問題分析

當客戶氣急敗壞地前來抱怨時，業務員絕對不能夠去駁斥客戶的抱怨，或為自己找藉口，而是要耐心傾聽客戶的抱怨，並且積極尋找解決問題的途徑。這樣一來，客戶的心理先得到了滿足，事情也得以好好談並能順利解決。試想一下，你推卸責任，結果會怎樣？客戶可能真的就會轉向媒體揭發，甚至直接告到消費者保護委員會去。等到那時後，你需要面臨到的恐怕就不只是一位怒氣衝衝的客戶了。那麼我們該如何處理這種棘手的狀況呢？

1．正視客戶的抱怨

任何事物都是兩面的，我們需要掌握的是如何利用它有利的一面，來摒棄不利的另一面。客戶的抱怨也不例外，只要能夠正確處理，客戶的抱怨也能給我們帶來益處。

（1）不抱怨≠滿意

有很多業務員都錯誤地認為「沒有客戶的抱怨和投訴就是最好的消息」，其實事實並不是這樣的，因為我們不可能做到完美，或多或少都會出現一些問題。客戶的不抱怨並不表示客戶對你的產品完全滿意。反言之，客戶的抱怨也不能說明就一定對你的產品不滿意。如果業務員害怕客戶的抱怨和投訴，採取鴕鳥政策，把腦袋埋進沙堆裏，不去看，不去聽，就犯了對自己的產品缺乏信心的毛病。

（2）抱怨也是提高銷售水準的推動器

我們可以透過客戶的抱怨和投訴來改進產品品質、提高服務水準。如果業務員能正確處理客戶的抱怨，就能增加自己和產品的信譽，透過客戶的宣傳，可能會影響到更多的人，潛在客戶自然也就增加了。反之，如果業務員沒有處理好客戶的抱怨，那麼，客戶所帶來的負面影響也是不可估量的。

所以，業務員要看到妥善處理抱怨所帶來的附加價值，用積極的態度處理客戶的抱怨。

2・處理客戶抱怨的「七部曲」

當遭遇客戶抱怨時，業務員不能悲觀或沮喪，更應該堅信：只要成功處理了客戶的抱怨就一定能夠得到客戶的認可。所以，當業務員面對客戶的抱怨和投訴時，一定要勇於正視客戶的抱怨，並牢牢記住這樣的一句話：抱怨是客戶的權利，而消除客戶的抱怨則是我們的義務。

那麼如何才能完美地處理客戶的抱怨？讓我們來看看吧：

（1）讓客戶說，聆聽抱怨的內容

客戶訴說自己的抱怨時，可能脾氣很大，如同我們案例中的男士一樣。但是對於業務員來說，無論客戶的脾氣多大，言辭有多激烈，你都必須耐心聽，讓客戶把壓抑在心中的不滿都發洩出來。因為在非常激動的狀態下，他也不可能聽進你的任何解釋，只有等客戶平靜下來，你的解釋才會有效果。

聆聽客戶的抱怨時，給他一個關切的眼神。當客戶將自己的抱怨表述完之後，將他的話做個整理，問一句：「您是因為……而感到不滿嗎？」

（2）對客戶的抱怨表示感謝

面對客戶的抱怨，我們要向他表示感謝。當然我們必須澄清感謝的理由：

- 客戶指出產品的缺陷，讓我們能有改進的機會，當然應該表示感謝。
- 客戶花費自己寶貴的時間來指出我們的錯誤，說明客戶對我們的產品還抱有信心當然要表示感謝。
- 一聲「謝謝您」能夠降低客戶的敵意，自然更要表示感謝。

（3）向客戶表示誠摯的歉意

有人曾經說過：「當場承認自己的錯誤須具有相當的勇氣和品性；給人一個好感勝過一千個理由。」業務員在遇到客戶的抱怨時，必須誠懇地向客戶道歉，可能有時客戶會無理取鬧，但是道歉也是必須的，否則只會增加更多的麻煩。道歉，是應對客戶投訴時的一個不變重要法則。

（4）向客戶展示處理問題的誠意

在處理客戶的抱怨前，業務員首先要表達積極處理的誠意。你可以這樣說：「我非常樂意幫助您解決這個問題。」如果需要詢問細節，也不要忘了先說一句：「為了儘快幫您解決問題，我想先向您請教一些問題。」這種帶著誠意的用詞會在很大程度上安撫客戶的情緒。

（5）儘快給出解決方案

在瞭解了客戶抱怨的原因之後，業務員要儘快給出客戶解決問題的方案和時間表。在這裡，需要注意的是你的解決方案一定要徵求客戶的意見。你應該說：「您同意我們這樣做嗎？」而不是說：「就這麼辦吧。」隨時讓客戶感覺到你對他的尊重，客戶的怒氣就會減少，問題也能更快速地處理。

（6）對客戶進行回訪

問題解決之後的兩三天內，要對客戶進行回訪，確認他對這次服務的滿意度。這樣不僅能夠瞭解自己的補救措施是否有效，也能加深客戶受到尊重的感覺。因為客戶肯定對你的回訪感到意外，而產生「都已經過了兩三天，還把我放在心上」的感覺。這對穩定客源會有很好的效果。

（7）自我檢討，找出錯誤原因

處理一種類型的客戶抱怨，業務員要及時整理好出現這種抱怨的原因，再找到對策，避免同類型的抱怨再次出現，防患於未然。

3・解決客戶抱怨的「五妙招」

哈佛大學的李維特教授曾經說過：「與顧客之間的關係走下坡的一個訊號就是顧客不抱怨了。」身為業務員的我們，不能害怕客戶的抱怨，要將客戶的抱怨當成我們進步的基石。

所以，業務員要把客戶的抱怨看作是天賜良機，用恰當的方法處理客戶的抱怨，緊緊抓住這個良機。下面就讓我們看看解決客戶抱怨的妙招吧：

（1）傾聽

上文處理客戶抱怨的「七部曲」中也提到了「聽」，在這裡重複無非是告訴大家傾聽的重要性。傾聽是解決問題的前提。透過傾聽，你能瞭解事情發生的前因後果，在傾聽中切忌打斷客戶的話。但是可以適時地提出一些問題幫助你瞭解事情的始末，例如：「原因是什麼？」、「您是怎樣發現的？」。

（2）分擔

當我們弄清楚事情發生的過程後，就可以採用分擔的方式降低客戶的憤怒情緒。你可以說：「您說得很有道理，我們以前也出現過類似的事情。」業務員千萬不能指責客戶，不管是產品本身有問題，還是客戶由於使用不當造成的。替客戶分擔後果，會讓他覺得受到了重視。

（3）澄清

客戶產生抱怨不外乎有兩種原因：一是產品本身確實有問題，二是客戶使用不當。當業務員確定了客戶發出抱怨的原因以後，就要想辦法進行澄清。如果是產品的問題，業務員就應該要馬上道歉，並儘量在最短的時間內幫助客戶解決。而如果是客戶使用不當，業務員也不應該指責客戶，以免造成負面影響。此時最好的解決辦法就是向客戶說明產品的正確使用方法，最後也不要忘了感謝客戶的異議，因為他為產品的改進提出了很好的建議。

（4）闡明

如果客戶的問題不能及時解決，業務員也不要打腫臉充胖子，要誠實地告訴客戶情況有點特別，但是我們一定會儘快尋找解決的辦法，請客戶給一定的時間。但是需要記住的是，一定要按時打電話給客戶報告近況，即使問題沒有解決也要對客戶有合理的解釋，並告知客戶我們一直在努力，一定會給他滿意的答覆。

（5）提問

你以為解決了客戶的抱怨就萬事大吉了嗎？當然不是！你還要問客戶還有什麼其他的要求，向客戶傳達這樣一個資訊：你很願意為他效勞，有什麼問題，可以隨時找你。這樣的話，客戶一定會被你打動，很可能會成為你的長期客戶。

4・勇於承擔責任

（1）任何藉口都不是理由

有這樣一個小故事：一家三口，所有的家務勞動都是妻子在做。所以妻子就在家裡寫了一條標語：「家務勞動，人人有責」。兒子放學回家後看見了，把標語改成了「家務勞動，大人有責」。丈夫下班看見，又把他改成了「家務勞動，夫人有責」。兒子和丈夫各自為自己的懶惰找了一個看似完美的理由。但是作為業務員如果還推卸責任，就會失去客戶的信任。

如果你是一個愛推卸責任的業務員，那麼相信下面的話會對你有所幫助：

- 非常抱歉，給您添了麻煩，希望能有辦法補救。
- 我很樂意幫助您，請您告訴我能為您做點什麼？
- 雖然我不負責這部分公事，但是我可以幫您聯繫負責人，請您稍等。

（2）換位思考：如果你是客戶

當客戶有抱怨時，優秀的業務員不會尋找任何藉口去推卸責任，因為他們把自己放在了客戶的位置：如果我是客戶，遇到了問題，我希望業務員有什麼樣的表現。這樣一來，業務員就會積極主動地幫助客戶解決異議。

業務員：「怎麼會這樣？如果喝下這東西是會要人命的。」

選擇一

客戶：「你們哪裡是牛奶公司，簡直是要命公司！把我們消費者的生命安全放在哪裡？」

業務員：「非常抱歉，那麼請問一下是您家人喝到了牛奶嗎？現在身體有無大礙？我們會馬上派人去瞭解相關情況，並處理賠償或是醫藥費，請您先放心。也感謝您來告知我們這件相當嚴重的事。」

選擇二

客戶：「你們一點社會責任感都沒有，就只是黑心的商人而已。」

業務員：「讓您受到驚嚇真的很抱歉，請接受我們的歉意。同時也要感謝您來通報我們，讓我們有能改善的機會。那麼針對細節部分的賠償，請問先生有沒有您的想法呢？我們都可以談談的。」

選擇三

客戶：「真的出了人命誰要負責？你嗎？」

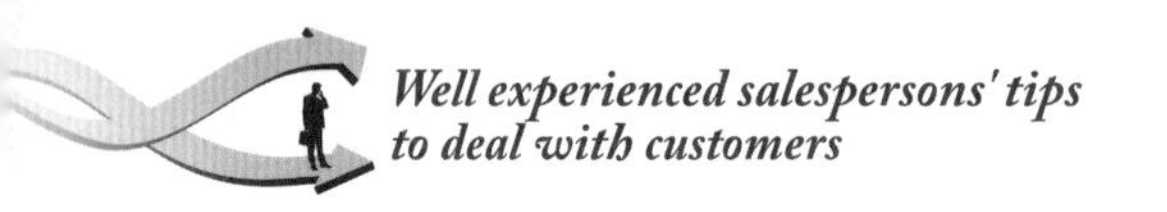

業務員：「先生，您為我們指出了相當大的需要注意的地方，我要代表公司向您表示感謝，並且立刻向公司上級通報這件事。我們今後一定會採取措施，杜絕這類事件再次發生，那麼針對您的這瓶牛奶及造成的困擾或醫藥部分，我們會照價賠償，您覺得何時再談談比較方便呢？我們也會請上級來跟您做商討。」

國家圖書館出版品預行編目資料

跟著富業務這樣談生意／陳國司著. --初版.
-- 北縣中和市 ： 華文網, 2011.01
面；公分. --（成功良品；31）

ISBN 978-986-271-044-9（平裝）
1.銷售　　2.顧客關係管理

496.5　　　　　　　　99025055

成功良品 31

跟著富業務這樣談生意

出版者／創見文化
作者／陳國司
總編輯／歐綾纖
主編／蔡靜怡　　文字編輯／馬加玲
美術設計／蔡億盈　　內頁排版／陽明電腦排版

郵撥帳號／50017206 采舍國際有限公司（郵撥購買，請另付一成郵資）
台灣出版中心／新北市中和中山路2段366巷10號10樓
電話／（02）2248-7896　　傳真／（02）2248-7758
ISBN／978-986-271-044-9
出版年度／2011年

全球華文國際市場總代理／采舍國際
地址／新北市中和中山路2段366巷10號3樓
電話／（02）8245-8786　　傳真／（02）8245-8718

全系列書系特約展示門市
橋大書局
地址／台北市南陽街7號2樓
電話／（02）2331-0234
傳真／（02）2331-1073

新絲路網路書店
地址／新北市中和中山路2段366巷10號10樓
電話／（02）8245-9896
網址／www.silkbook.com

線上pbook&ebook總代理／全球華文聯合出版平台
地址／新北市中和中山路2段366巷10號10樓
主題討論區／www.silkbook.com/bookclub　● 新絲路讀書會
紙本書平台／www.book4u.com.tw　● 華文網網路書店
瀏覽電子書／www.book4u.com.tw　● 華文電子書中心
電子書下載／www.book4u.com.tw　● 電子書中心（Acrobat Reader）

本書全程採減碳印製流程並使用優質中性紙（Acid & Alkali Free）最符環保需求。

本書係透過華文聯合出版平台自資出版印行